和秋叶一起学

秒懂 PPT

秋叶 赵倚南 ◎ 编著

人民邮电出版社

北京

图书在版编目（CIP）数据

和秋叶一起学. 秒懂PPT / 秋叶，赵倚南编著. --
北京 ： 人民邮电出版社，2021.6
ISBN 978-7-115-56489-4

Ⅰ. ①和… Ⅱ. ①秋… ②赵… Ⅲ. ①图形软件
Ⅳ. ①TP391

中国版本图书馆CIP数据核字(2021)第078085号

内 容 提 要

在职场中，你是不是每次都要加班做 PPT？PPT 技巧太多，学完就忘？知道一些 PPT 技巧，但不知道如何运用？

如果你希望快速提高自己的 PPT 职场技能，并且能够灵活应用，本书就是你学习的不二之选！

本书以 PPT 基础操作+实战运用组织内容，主要讲解在工作中几分钟就能掌握的 110 个实用 PPT 操作，包括 PPT 高效操作、PPT 实用技巧、PPT 炫酷特效、PPT 创意设计四大板块，每个技巧介绍都配有图文详解与视频演示，让你所见即所得，随学随用，解决职场中的 PPT 应用痛点，提升工作效率与效果。

本书充分考虑初学者的知识水平，内容从易到难，能让初学者轻松理解各个知识点，快速掌握职场必备技能。本书大部分案例来源于真实职场，职场新人系统地阅读本书，可以节约大量在网上搜索答案的时间，提高工作效率。

◆ 编　著　秋　叶　赵倚南
　　责任编辑　李永涛
　　责任印制　王　郁　彭志环

◆ 人民邮电出版社出版发行　　北京市丰台区成寿寺路 11 号
　邮编　100164　　电子邮件　315@ptpress.com.cn
　网址　https://www.ptpress.com.cn
　大厂回族自治县聚鑫印刷有限责任公司印刷

◆ 开本：880×1230　1/32
　印张：5.75　　　　　　　　　2021 年 6 月第 1 版
　字数：191 千字　　　　　　　2021 年 6 月河北第 1 次印刷

定价：39.90 元

读者服务热线：(010)81055410　印装质量热线：(010)81055316
反盗版热线：(010)81055315
广告经营许可证：京东市监广登字 20170147 号

目 录
CONTENTS

▷▷ **绪论**

▷▷ **第 1 章　PPT 高效操作**

1.1　PPT 的高效操作技巧 / 004

01　去哪儿下载 Office 软件？ / 004

02　如何将 PPT 转换成 Word？ / 005

03　如何将 Word 转换成 PPT 格式？ / 006

04　怎么把 PDF 文件转换成 PPT 格式？ / 007

05　如何让 PPT 有更多撤销次数？ / 009

06　图片如何批量重命名？ / 009

07　如何快速批量提取 PPT 文件名？ / 010

08　PPT 如何一次性批量插入多张图片？ / 011

09　怎么快速提取出 PPT 中的所有图片？ / 012

10　PPT 如何快速更改主题颜色？ / 013

11　PPT 如何快速更改字母大小写？ / 014

12　如何快速统一 PPT 中的字体？ / 015

13　如何快速添加 Logo 到每张 PPT 中？ / 015

14　在制作 PPT 时如何重复上一步操作？ / 016

15　PPT 中如何快速复制格式？ / 017

16　PPT 中【Shift】键有什么强大功能？ / 018

17　考试中常考的 PPT 快捷键有哪些？ / 019

18　怎么用 SmartArt 快速对文字进行排版？ / 020

19　怎样用 SmartArt 快速美化页面？ / 021

20 如何用图片版式快速做封面美化？ / 023

21 如何用图片占位符快速地进行多图排版？ / 025

1.2 PPT 的高效素材资源 / 027

01 高清图片去哪里找？ / 028

02 免费图标素材去哪里找？ / 030

03 有哪些 PPT 必备的"宝藏"网站？ / 032

04 有哪些不会侵权的免费可商用字体？ / 036

05 有哪些大气的毛笔字体？ / 038

06 图片太模糊，怎么下载高清大图？ / 041

07 有哪些值得推荐的特效网站？ / 043

▷▷ 第 2 章 PPT 实用技巧

2.1 PPT 的必备实用操作 / 046

01 PPT 打印时如何节约纸张？ / 046

02 如何让 PPT 中的图表随 Excel 同步更新？ / 047

03 如何防止用 PPT 演讲时忘词？ / 048

04 如何在播放 PPT 时用画笔做标记？ / 049

05 如何去除下载的 PPT 模板中的水印？ / 050

06 如何压缩 PPT 文件的大小？ / 050

07 如何将字体嵌入 PPT 文件中？ / 051

08 怎样识别图片中的字体？ / 052

09 如何将多张图片拼成一张长图？ / 053

10 如何利用 PPT 实现图片的拆分效果？ / 055

11 PPT 中怎样使用蒙版？ / 057

12 如何用 PPT 抠图去除背景？ / 059

13 如何在 PPT 中去除 Logo 的底色和更改 Logo 的颜色？ / 061

14 如何快速截图？ / 062

15　怎样在 PPT 中使用超链接？ / 063

16　如何巧妙更改 PPT 中超链接文字的颜色？ / 064

17　如何给幻灯片添加带总页数的页码？ / 065

18　如何给 PPT 文件加密？ / 067

19　下划线为什么总是对不齐？ / 068

20　如何设置取消拼写检查后标记的下划线？ / 070

21　在 PPT 中如何输入数学公式？ / 071

22　如何在 PPT 内保留原格式地复制幻灯片？ / 072

2.2　PPT 的职场实战运用 / 073

01　怎样用 PPT 制作一寸照片？ / 074

02　纯文字 PPT 如何做到简约大方？ / 077

03　团队介绍 PPT 如何设计？ / 079

04　如何设计公司的组织架构图？ / 080

05　结束页怎样做更出彩？ / 082

06　年终总结 PPT 要避免哪些"坑"？ / 083

07　如何梳理年终总结的框架？ / 085

08　在教学课件中怎样做出单选题的交互效果？ / 085

09　不套模板怎样做 PPT？ / 088

▷▷ 第 3 章　PPT 炫酷特效

3.1　PPT 的炫酷文字特效 / 091

01　PPT 中如何做出粉笔字特效？ / 091

02　PPT 中如何做出渐隐文字特效？ / 093

03　PPT 中如何做出叠字效果？ / 094

04　如何在 PPT 中做出抖音字效？ / 096

05　如何在 PPT 中做出线条字体？ / 098

06　PPT 中如何制作镂空文字？ / 099

07 PPT 中如何做出炫酷切割字效果? / 100

08 如何将文字三维旋转铺在道路上? / 101

09 如何在 PPT 中做滚动字幕? / 102

10 如何将文字做成环形效果? / 104

11 如何制作综艺款立体文字? / 105

12 如何巧用视频做出动态文字? / 106

13 如何制作文字云效果? / 108

14 如何将人像与字体相结合? / 109

3.2 PPT 的炫酷动画特效 / 111

01 PPT 中如何做出烟花动画? / 111

02 PPT 中如何做出卷轴动画? / 113

03 PPT 中如何制作动态图表? / 116

04 如何用 PPT 做动态相册? / 116

05 如何在 PPT 中实现闪电效果? / 119

06 怎样在封面中做出华丽的聚光灯动画? / 122

07 如何利用光效素材做出高端大气的画面? / 124

08 在 PPT 中如何做出视频弹幕效果? / 126

09 怎样做出吸引全场的开幕和揭幕动画? / 127

10 PPT 中如何实现翻页效果? / 128

11 页面碎裂效果如何实现? / 130

12 如何在 PPT 中做出 3D 动画效果? / 131

13 3D 动态目录在 PPT 中如何实现? / 133

14 如何快速禁用所有 PPT 动画? / 134

第 4 章 PPT 创意设计

4.1 PPT 的创意延伸场景 / 136

01 PPT 也能做邀请函? / 136

02 如何用 PPT 做新年贺卡？ / 138

03 如何用 PPT 做求职简历？ / 139

04 如何用 PPT 做朋友圈创意九宫格？ / 141

05 如何用 PPT 做七夕快闪视频？ / 143

06 PPT 如何实现动态倒计时？ / 145

07 如何用 PPT 做抽奖转盘？ / 147

08 如何用 PPT 做关键词抽签动画？ / 149

09 如何用 PPT 做实时投票交互效果？ / 150

4.2 PPT 的创意页面设计 / 151

01 如何用 PPT 做出有文艺感的意境图？ / 152

02 如何做出立体的图片排版效果？ / 153

03 PPT 中如何做出图片双重曝光的效果？ / 155

04 PPT 中如何做出网红倒影效果？ / 157

05 如何做出超高点赞量的朋友圈海报？ / 158

06 如何用一个字母做出创意墨迹海报？ / 159

07 如何巧用文本框做出精美封面？ / 161

08 如何利用文字拆分做出创意海报？ / 163

09 如何利用文字虚化打造高端文字页？ / 164

10 如何让表格瞬间变得高端大气？ / 166

11 如何借助表格做出高端大气的封面？ / 170

12 如何做出惊艳全场的创意柱形图？ / 172

13 如何做出与众不同的特色断点线框？ / 173

14 PPT 中如何做出穿插效果？ / 175

和秋叶一起学 秒懂 PPT

▶▶ 绪　论 ◀◀

　　这是一本适合"碎片化"阅读的职场技能图书。

　　市面上大多数的职场类书籍，内容偏学术化，不太适合职场新人"碎片化"阅读。对于急需提高职场技能的职场新人而言，并没有很多的"整块"时间去阅读、思考、记笔记，更需要的是可以随用随翻、快速查阅的"字典型"技能类书籍。

　　为了满足职场新人的办公需求，我们编写了本书，对职场人关心的痛点问题一一解答。希望能让读者无须投入过多的时间去思考、理解，翻开书就可以快速查阅，及时解决工作中遇到的问题，真正做到"秒懂"。

本书具有"开本小、内容新、效果好"的特点，围绕"让工作变得轻松高效"这一目标，介绍职场新人需要掌握的"刚需"内容。本书在提供解决方案的同时还做到了全面体现软件的主要功能和技巧，让读者看完一节就有一节内容的收获。

因此，本书在撰写时遵循以下两个原则。

（1）内容实用。为了保证内容的实用性，书中所列的每一个技巧都来源于真实的需求场景，书中汇集了职场新人最为关心的问题。同时，为了让本书更实用，我们还查阅了抖音、快手上的各种热点技巧，并尽量收录。

（2）查阅方便。为了方便读者查阅，我们将收录的技巧分类整理，并以一条条知识点的形式体现在目录中，读者在看到标题的一瞬间就知道对应的知识点可以解决什么问题。

我们希望这本书能够满足读者的"碎片化"阅读需求，能够帮助读者及时解决工作中遇到的问题。

做一套图书就是打磨一套好的产品。希望秋叶系列图书能得到读者发自内心的喜爱及口碑推荐。

我们将精益求精，与读者一起进步。

最后，我们还为读者准备了一份惊喜！

微信扫描下方二维码，关注公众号并回复"秒懂2"，可以免费领取我们为本书读者量身定制的超值大礼包，包含：

118 个配套操作视频
60 套实战练习案例文件
30 套优质简历 PPT 模板
50 套商业策划 PPT 模板
100 套工作汇报 PPT 模板
100 套各种风格精美 PPT 模板

还等什么，赶快扫码领取吧！

和秋叶一起学 秒懂 PPT

▶▶ 第 1 章 ◀◀
PPT 高效操作

天下武功唯快不破，所谓 PPT 高手并不仅在于他能做出炫酷的 PPT，更在于他能用较少的时间设计出高质量的 PPT，其中的关键就是他掌握了高效操作技巧。本章主要讲解能让读者快速跨入 PPT 高手门槛的高效操作。

1.1 PPT 的高效操作技巧

本节主要介绍 PPT 软件的下载、安装，不同格式办公文档之间的快速转换及 PPT 软件可批量化实现的操作。

01 去哪儿下载 Office 软件?

想要学习软件，如果没有软件可用，岂不是很尴尬，网上的资源鱼龙混杂，稍不注意可能会下载带有病毒的资源，那么哪里有安全的软件安装包可供下载呢?

1 在百度网中搜索并打开名为"MSDN，我告诉你"的网站。

2 单击左侧导航栏中的【应用程序】，在列表中找到软件，如 Office 2019。

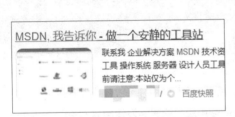

3 在右侧条目中选择"中文 - 简体"，单击右侧的"详细信息"即可看到安装包的详细情况。

4 复制 ed2k 开头的链接，粘贴到迅雷等支持磁力下载的下载工具中下载软件。

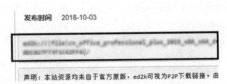

5 使用 Windows 10 系统的用户双击打开下载的 ISO 镜像文件，使用 Windows 7

系统的用户需要安装支持 ISO 格式的解压缩软件，如 Bandizip 等，才能打开文件。打开压缩包后，双击名为"Setup.exe"的应用程序，按照提示即可进行软件的安装。

注意：

本技巧仅教大家免费下载与安装正版软件，不包括软件激活。

02 如何将 PPT 转换成 Word？

制作好一份 PPT 文件后，如果想要把里面的所有文字内容都提取到 Word 文档中，你会怎么办？难道是一页一页地复制、粘贴内容吗？如果在制作 PPT 的时候严格使用了幻灯片母版中内置的版式，就可以轻松完成文本的提取。

1 在菜单栏的【文件】选项卡中选择【导出】命令，在右侧界面中依次选择【创建讲义】-【创建讲义】命令。

2 在弹出的【发送到 Microsoft Word】对话框中选择【只使用大纲】选项，并单击【确定】按钮。

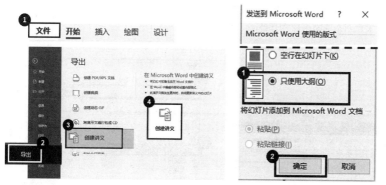

通过以上操作就可以将 PPT 中的文本提取出来了。

03 如何将 Word 转换成 PPT 格式?

通常,在正式开始做 PPT 之前都要准备好 Word 文字稿。但很多人都不知道,把 Word 里面的文字迁移到 PPT 中其实根本不用复制、粘贴,可以快速搞定。

想要实现 Word 快速转换为 PPT,需要按照如下转换规律为文字段落应用对应的标题样式。

Word内容	PPT内容
标题、标题1样式	幻灯片的标题占位符
标题2-标题9样式	幻灯片的内容占位符
正文文本样式	不导入到幻灯片

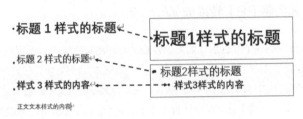

转换前,我们需要将命令添加到快速访问工具栏中。

1 单击 Word【快速访问工具栏】最右侧的下拉按钮,在菜单中选择【其他命令】命令。

2 将【PowerPoint 选项】对话框右侧的【常用命令】更改为【不在功能区中的命令】,在下方命令列表中找到并选中【发送到 Microsoft PowerPoint】命令。

3 单击【添加】按钮,将命令添加到右侧访问工具栏中,单击【确定】按钮完成命令添加。

◢ 在 Word 中设置完各个段落的样式之后，选择【发送到 Microsoft PowerPoint】命令，此时计算机就会按照规律生成一份 PPT。

04 怎么把 PDF 文件转换成 PPT 格式？

很多情况下，为了防止自己的 PPT 排版效果在其他计算机上显示的格式错乱，可以把 PPT 文件转换成 PDF 格式，但如果想修改内容，就要把 PDF 文件转换成可编辑的 PPT 文件，此时该怎么办呢？

在百度网搜索名为 "ilovepdf" 的网站，并打开该网站。

◢ 单击网站主页中的【PDF 转换至 PowerPoint】按钮。

◢ 在打开的新页面中单击【选择一个 PDF 文件】按钮。

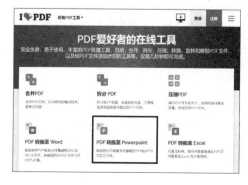

7 在弹出的【打开】对话框中选择需要转换的 PDF 文件，单击【打开】按钮。

8 在打开的新页面中单击【转换至 PPTX】按钮。

9 待文件转换完毕，单击【下载PowerPoint 文件】按钮即可得到转换后的PPT文件。

注意：

此方法适合于直接由 PPT 转换而来的 PDF 文件的转换，若 PDF 文件由纯图片制成，则转换后得到的 PPT 依然无法编辑。

05 如何让 PPT 有更多撤销次数?

在制作 PPT 的过程中,【Ctrl+Z】快捷键,堪称 PPT 中的"后悔药",但这个"后悔药"是有使用限制的,默认最多使用 20 次,那有没有什么方法可以增加这个"后悔药"的使用次数呢?

1 打开 PPT 软件,依次选择【文件】-【选项】命令。

2 在弹出的【PowerPoint 选项】对话框中选择【高级】选项,在右侧界面将【最多可取消操作数】由"20"更改为"150",最后单击【确定】按钮。

通过以上操作,即可修改最大可取消操作次数。

06 图片如何批量重命名?

作为一个优秀的 PPT 设计师,相信每个人都会有自己的图片素材库,素材会积累得越来越多,为了便于后期使用,需要对图片进行重命名来分类。正常重命名图片的方式:鼠标右键单击图片,在弹出的菜单中选择【重命名】命令,再输入相应的名称。但是这种方法既烦琐,效率又低,那有没有批量进行重命名的方法呢?

1 打开含有需要重命名图片的图片文件夹,按快捷键【Ctrl+A】全选图片。

2 按【F2】键输入文字进行重命名。

3 按【Enter】键,这样就完成了图片文件的批量重命名操作。

提示:

这样重命名后的图片会自动排序。

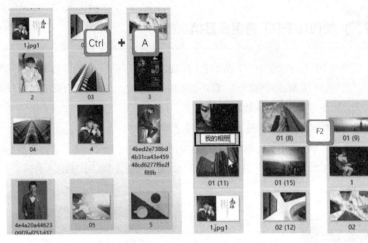

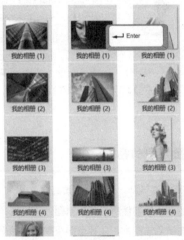

07 如何快速批量提取 PPT 文件名?

在有很多个 PPT 文件时，为了方便后续检索，领导要求你汇总所有的 PPT 文件名，你难道还在一个个地复制、粘贴吗？那有没有快捷的方法呢？

1 首先打开包含需要汇总名称的 PPT 的文件夹，右键单击文件夹空白处。

2 在弹出的菜单中依次选择【新建】-【文本文档】命令。

3 打开新建的文本文档，输入以下代码：

```
"dir /a-d /b *.pptx>src.txt
echo
pause"
```

4 关闭并保存文本文档，将文件后缀名更改为 ".bat"。

5 双击打开新建的 ".bat" 文件，弹出对话框后按【Enter】键。这时我们的文件夹中会出现一个名为 "src.txt" 的文本文档。

6 双击打开这个文本文档，文件夹中所有的 PPT 文件名就收集到文档中了。

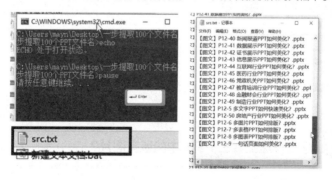

08 PPT 如何一次性批量插入多张图片？

领导要求你将公司团建的照片制作成一个 PPT，且每张照片都要制作成单独一页 PPT。有好几百张照片呢，难道只能不断新建一张幻灯片，再复制、粘贴吗？

有没有批量操作的方式呢?

◼1 首先新建一个空白 PPT,在【插入】选项卡的功能区中单击【相册】图标,在弹出的菜单中选择【新建相册】命令。

◼2 在弹出的【相册】对话框中,在【插入图片来自】处单击【文件 / 磁盘(F)...】按钮。

◼3 在【插入新图片】对话框中选择需要的文件夹,按快捷键【Ctrl+A】全选图片,单击【插入】按钮。

◼4 在弹出的【相册】对话框中单击【创建】按钮。

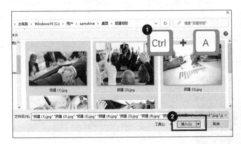 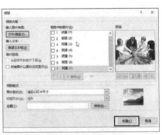

通过这样的操作,几百张图片都可以快速导入 PPT 中了。

09 怎么快速提取出 PPT 中的所有图片?

看到一份 PPT,非常喜欢其中的图片素材,想要将它们都保存下来,除了一页一页地另存为文件外,有没有什么方法可以快速提取 PPT 中所有的图片呢?

◼1 找到需要提取图片的 PPT 文件,右键单击该文件,在弹出的菜单中选择【重命名】命令。

◼2 将文件后缀名由“.pptx”改为“.rar”。

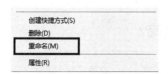 

3 右键单击文件，解压该文件，依次打开 "ppt" – "media" 的文件夹。

PPT 中所有的图片都保存在这个文件夹中。

 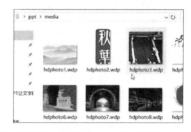

用上面的操作，不管 PPT 有多少页，很快就可以将 PPT 中的图片都提取出来。

10 PPT 如何快速更改主题颜色?

网络上有很多优秀的 PPT 模板供我们使用，可以大大节约我们制作 PPT 的时间，也可以给我们提供设计灵感。但很多时候，模板的颜色和我们的主题并不相符。那有没有什么方法可以快速更改主题颜色呢?

1 在【设计】选项卡的功能区中单击【变体】组右下角的下拉按钮。

2 在弹出的菜单中选择【颜色】命令，在右侧弹出的菜单中选择一个颜色搭配。

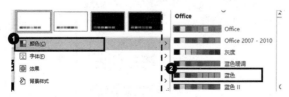

通过以上操作，即可将其他主题颜色的 PPT 快速换成我们需要的颜色了。

11 PPT 如何快速更改字母大小写?

我们在制作 PPT 的过程中, 经常会输入英文, 英文有严格的大小写之分, 一个一个修改比较麻烦, 那有没有办法可以快速更改英文文本的大小写呢?

方法 1: 全选需要修改大小写的文本, 按快捷键【Shift+F3】就可以批量更改英文文本的大小写了!

注意:

按一次【F3】键是首字母大写; 按两次【F3】键是全部大写; 按三次【F3】键是全部小写!

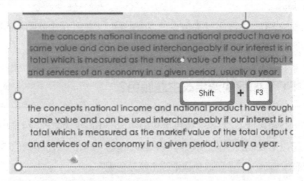

除了用快捷键【Shift+F3】的方法批量修改字母大小写之外, 还有一种方法。

方法 2: 选中需要修改大小写的英文文本, 在【开始】选项卡功能区的【字体】组中, 单击【Aa】(更改大小写)图标, 在弹出的菜单中选择需要的大小写模式即可。

通过以上操作, 即可快速更改英文文本的大小写。

12 如何快速统一 PPT 中的字体？

实际工作中，我们会经常修改其他人制作的 PPT，最令人头痛的操作之一就是统一字体了！比如把原本 PPT 中的"微软雅黑""等线"等统一修改为"宋体"。有没有比较快捷的方法呢？

1 在左侧预览窗格中，按快捷键【Ctrl+A】选中所有幻灯片。

2 在【开始】选项卡功能区的【编辑】组中选择【替换】-【替换字体】命令。

3 在【替换字体】对话框中，分别设置好【替换】的字体和【替换为】的字体，单击【替换】按钮。

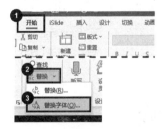
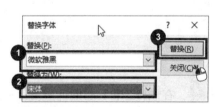

通过上面的操作，即可快速统一 PPT 中的字体。

13 如何快速添加 Logo 到每张 PPT 中？

领导要求你为公司已制作好的上百页 PPT 的每一页添加公司 Logo 时，只能手动添加吗？当然不是！在 PPT 中 Logo 是可以批量添加或删除的！

1 打开需要添加 Logo 的 PPT，在【视图】选项卡的功能区中单击【幻灯片母版】图标。

2 将所需要添加到 PPT 中的 Logo 粘贴到母版的首页中。

3 按需求调整 Logo 的位置与大小。

4 在【幻灯片母版】选项卡的功能区中单击【关闭母版视图】图标以退出母版视图。

通过以上步骤，不管你的 PPT 有多少页，都可以快速添加、删除、修改 Logo！

14 在制作 PPT 时如何重复上一步操作？

在制作 PPT 的时候，经常要将多张图片修改为统一的大小和形状，或者需要创建多个大小与样式一致的图形，一个一个地修改、创建比较麻烦，那有没有什么方法可以快速重复上一步操作呢？

PPT 中有一个快速重复上一步操作的快捷键，它就是【F4】键。

例如，当我们需要将多张图片更改为圆形时，只需修改一张，然后选中其余的图片，按【F4】键即可重复操作。

1 选中图片，在【图片格式】选项卡的功能区中单击【裁剪】图标，在菜单中依次选择【裁剪为形状】–【平行四边形】命令。

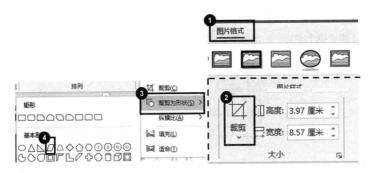

2 更改第 1 张图片的形状后,选中第 2 张图片,按【F4】键,就可以重复上一步操作。

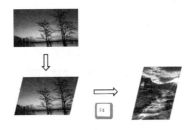

创建多个大小、形状相同的图形时的操作如下。

3 创建一个形状,按【Ctrl】+ 鼠标左键,将其向右移动合适距离,再按【F4】键重复上一步操作,即可创建多个大小、形状、间距相同的形状。

通过以上步骤,即可重复上一步操作,大大提升了操作效率。

15 PPT 中如何快速复制格式?

在制作 PPT 时,经常需要对多文字或多图片进行格式修改,之前我们讲过可以用【F4】键重复上一步操作!但是【F4】键只能重复上一步操作,很多时候并不能达到我们复制某个设置格式操作的需求,那有没有其他更好的方法呢?

有两种方法可以快速复制格式。

方法 1：首先选中需要复制格式的文本或图片，在【开始】选项卡的功能区中单击【格式刷】图标，再单击需要粘贴格式的文本或图片。

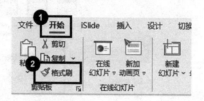

注意：

单击一次是粘贴一次格式，单击两次是粘贴多次，按【Esc】键可退出格式刷模式。

方法 2：首先选中需要复制格式的文本或图片，按快捷键【Ctrl+Shift+C】复制格式，选中需要粘贴格式的文本或图片，按快捷键【Ctrl+Shift+V】就可以了。

通过以上两种方法，即可快速复制格式。

16 PPT 中【Shift】键有什么强大功能?

在我们制作 PPT 的时候使用快捷键，可以极大地提高效率！那么你知道【Shift】键有什么功能吗？

在插入形状的时候，如果需要插入圆形（正方形）等，只要按住【Shift】键绘制形状，怎么画都是圆形（正方形）！

当需要水平移动素材的时候，按住【Shift】键再移动，就可以水平移动！

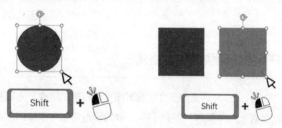

大家都知道按【F5】键会从头播放 PPT，但是如果只想看当前幻灯片的播放效果时该怎么办？按快捷键【Shift+F5】即可。

快速开启【网格线】只需按快捷键【Shift+F9】。

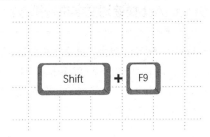

以上就是本次整理的【Shift】键的用法。别再只用它切换输入法了！

17 考试中常考的 PPT 快捷键有哪些？

提高制作 PPT 效率最有效的方法就是改变操作习惯，多使用快捷键。常考的快捷键如下。

【F4】：重复上一步。

【F5】：从头播放幻灯片。

【F12】：另存为。

【Ctrl+A】：全选。

【Ctrl+C】：复制。

【Ctrl+X】：剪切。

【Ctrl+V】：粘贴。

【Ctrl+F】：查找。

【Ctrl+H】：替换。

【Ctrl+S】：保存。

【Ctrl+R】：段落右对齐。

【Ctrl+E】：段落居中对齐。

【Ctrl+L】：段落左对齐。

【Ctrl+D】：快速复制对象。

【Ctrl+G】：组合对象。

【Ctrl+Shift+G】：取消组合。

【Shift+F5】：从当前页面播放幻灯片。

18 怎么用 SmartArt 快速对文字进行排版？

多段文字排版一直是制作 PPT 的难点，有没有快速排版的技巧呢？

多段文字排版，用【SmartArt】功能就可以轻松搞定！

1 将鼠标光标置于文本的段落前，按【Tab】键即可调整"层级"，将所有段落都依次设置一遍，这样就设置好了二级文本。

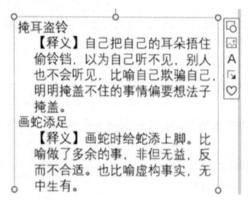

2 选中文本框，在【开始】选项卡功能区的【段落】组中单击【转换为 SmartArt】图标，在弹出的菜单中选择【其他 SmartArt 图形】命令。

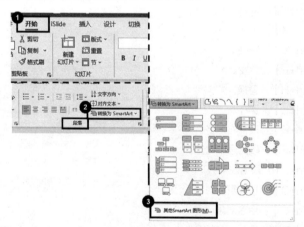

3 在弹出的【选择 SmartArt 图形】对话框中，选择【列表】-【垂直框列表】命令，单击【确定】按钮。

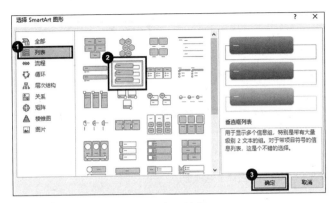

4 右键单击文本框，还可以选择填充颜色和边框。

通过以上操作即可快速对多段文字进行排版。

19 怎样用 SmartArt 快速美化页面?

领导的要求总是变幻莫测，如觉得文字排版过于普通，颜色不好看，样式太单一。那有没有什么方法既能让领导满意又能高效完成 PPT 美化呢?

利用【SmartArt】功能，就可以快速调整美化页面。

1 选中文本框，单击鼠标右键。

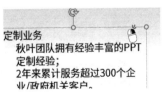

2 在弹出的菜单中选择【转换为 SmartArt】命令，任意选择一个样式即可快速美化。

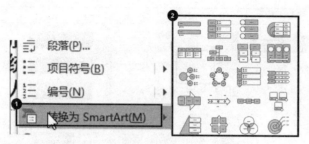

3 如果觉得颜色不好看，还可以更改【SmartArt】图形的颜色。选中【SmartArt】图形，单击【SmartArt 设计】选项卡。

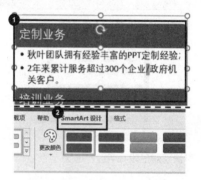

4 在功能区中单击【更改颜色】图标，在弹出的菜单中根据需要选择一种颜色，即可完成色彩修改。

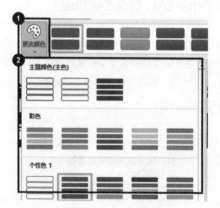

5 想要快速更改 SmarAart 图形的形状，可以选中 SmartArt 图形，在【SmartArt 设计】选项卡的功能区中单击【版式】组中的下拉按钮。

6 在弹出的列表中可以选择想要更换的样式。

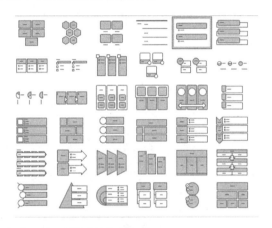

通过以上操作，就可以快速美化页面了。

20 如何用图片版式快速做封面美化？

在演讲汇报开始时，观众第一眼看到的就是屏幕上展示的 PPT 封面页，所以一个好的封面页十分重要。那么如何才能快速做出富有设计感的封面页呢？

这里我们用海洋馆的宣传 PPT 封面制作举例。

1 选中封面页的所有图片。

2 在【图片格式】选项卡的功能区中单击【图片版式】图标。

3 在弹出的菜单中选择【气泡图片列表】。

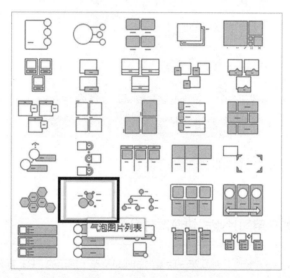

4 将生成的SmartArt图形整体选中,在【SmarArt设计】选项卡功能区中选择【转换】-【转换为形状】命令,将图片转换为形状。

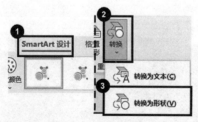

5 调整图片位置,封面美化就完成了。

21 如何用图片占位符快速地进行多图排版?

做 PPT 经常需要进行多图排版,前面我们学习了利用 SmartArt 进行快速美化,那是否还有其他方法呢? 还可以制作模板方便以后套用。

通过在母版中加入图片占位符就可以实现。

1 在【视图】选项卡的功能区中单击【幻灯片母版】图标,进入【母版视图】。

2 在右侧版式预览窗格中右键单击,在弹出的菜单中选择【插入版式】命令,创建一个新版式。

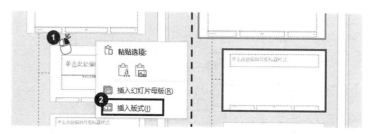

3 在【幻灯片母版】选项卡的功能区中单击【插入占位符】图标,在弹出的菜单中选择【图片】命令。

4 根据需要，重复步骤3的操作，插入多个"图片占位符"，并进行排版。

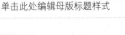

5 在【幻灯片母版】选项卡的功能区中单击【关闭幻灯片母版】图标，退出母版视图。

6 右键单击空白幻灯片，在弹出的菜单中选择【版式】-【自定义版式】命令。

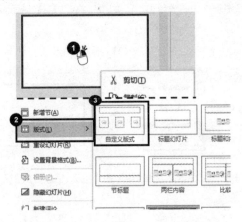

7 在幻灯片的"图片占位符"中单击图片图标。

8 在弹出的【插入图片】对话框中选中需要添加的图片，单击【插入】按钮。

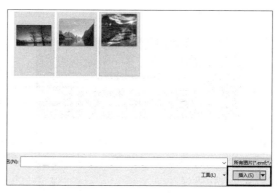

9 这样，我们事先设置好的"图片占位符"就会自动更新为插入的图片了。

单击此处添加标题

1.2 PPT 的高效素材资源

本节主要介绍 PPT 素材的获取与应用，包括图片、图标、字体和实用的工具网站。了解并掌握这些资源可以让我们制作 PPT 的效率大大提高。

01 高清图片去哪里找?

我们辛辛苦苦做出来的 PPT，可能领导还是会不太满意，如图片模糊、图标难看，到底去哪里才能找到好看又免费的素材呢? 推荐下面这几个网站（在百度网中搜索网站名称即可）。

1. Pixabay

"Pixabay"拥有 190 余万张优质图片和视频素材，是目前全球最大的免费商业版权图库，支持中文检索。

2. Pexels

与"Pixabay"类似，"Pexels"允许用户上传作品，是图片质量非常高的免费商业版权图库，支持英文检索。

3. Gratisography

"Gratisography"是一位国外摄影师的个人网站，他的照片具有很强的代入感，可以直接用作设计素材，网站里的照片也都是可免费商用的。

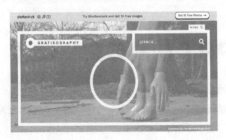

4. Unsplash

"Unsplash"最大的特色就是免费、无版权，而且收录的图片都极具设计感，素材完全免费，可以商业使用。

5. Freeimages

"Freeimages"是一个免费商业图片素材网，目前拥有超过 40 多万张的图片资源，有中文分站和中文界面，支持中文搜索。

6. Magdeleine

该网站的口号：每天分享一张高质量图片。以摄影图片为主，包含不少户外摄影的优质图片。

7. Picjumbo

"Picjumbo"是一个国外免费图库，图库有 1500 多个分类，使用者可在网站里通过搜索或分类浏览方式找到各种图片。

8. Pxhere

"Pxhere"是一家免费素材下载网站，目前提供了超过 100 万张高质量的摄影作品，可免费用于个人和商业用途，支持中文搜索。

9. 西田图像

国内的一家免版权图片网站，有超过 20 万张图片，它给不同用途的图片进行了分类，在该网站能为一些常用的主题找到不错的配图。

10. Hippopx

"Hippopx"是一个免版权图库网站，收录超过 20 万张的免费授权图片。

很多好的素材网站都是英文的，而自己的英文不太好，该怎么办？可以利用翻译软件将要搜索素材的关键词翻译成英文后，再在这些网站中查找，就可以找到丰富的素材。

02 免费图标素材去哪里找？

用图标美化 PPT 是非常有效的方法，怎样才能找到免费又海量的图标素材呢？不妨看看下面这几个网站（在百度网中搜索网站名称即可）。

1. Roundicons

"Roundicons"拥有非常多的高质量图标，甚至连 5D 风格全彩图标都是免费的。

2. unDraw

"unDraw"是一个提供完全免费的 SVG 图片素材的站点。

3. emoji.streamlineicons

这是一个表情下载网站，我们想要的表情在这里基本都能找到。

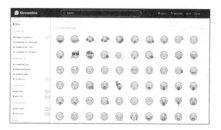

4. icons8

"icons8"是一个以提供免费的平面设计图案为主的网站，同时网站还提供了各种格式和配色的选择。

5. Iconfont

这是国内功能很强大且图标内容很丰富的矢量图标库。

6. 60Logo

这个网站有 10 余万个品牌的高清矢量 Logo 图，都可免费下载。

7. Pictogram2

"Pictogram2"是日本的一个矢量图标网站，其图标素材非常丰富、形象。

8. Easyicon

这是一个中文图标搜索引擎，支持按颜色查看图标，还可以在线编辑。

9. IconArchive

"IconArchive"是一个有 70 余万张图标的网站，既有免费的也有收费的图标素材。

10. WorldVectorLogo

"WorldVectorLogo"拥有全球最大的 SVG 徽标矢量图合集。

11. iSlide 插图库

可根据需求，随时修改替换插图素材，但需要安装"iSlide"插件。

12. pimpmydrawing

该网站提供免费的白描线稿风格人物矢量图下载。

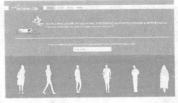

03 有哪些 PPT 必备的"宝藏"网站？

做 PPT 最发愁的就是没有素材和模板参考，这时可以看看下面这几个网站（在百度网中搜索网站名称即可）。

1. iSlide365

"iSlide"的 PPT 模板商城，拥有超多高质量模板，更新快、数量多、质量高。

2. 51PPT 模板

拥有大量的免费 PPT 模板，有很多质量很高的模板，而且可以看到不少优秀作品的源文件，以及圈内达人的部分作品与教程。

3. OfficePLUS

微软官方模板下载站点，完全免费，数量多，不仅有 PPT 模板，还有 Word 简历、文档及各种 Excel 表格模板，对学生或教育工作者特别实用。

4. SVG Backgrounds

纹理超级丰富，可快速生成高清矢量背景，还可以调整参数。

5. mixkit

一个免费视频素材网站，提供大量的高画质影片，类型包含商业、科技、城市、音乐、生活、动画、抽象、大自然、户外和交通工具等，商业或非商业用途皆可自由使用。

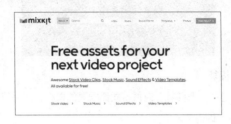

6. 设计导航

涵盖了丰富的设计资源，从免费无版权限制可商用的高品质素材，到设计教程、尺寸规范、配色方案、设计素材和灵感等。

7. Smart Mockups

"Smart Mockups"是一个免费的在线图片制作工具，样式丰富，可以把任何图片或在线图片无缝融合到特定的图片里，可以在网页的上方看到模型分类，根据自己的需求选择一个模型点开进行快速制作，软件简单又实用，生成效果堪比 Photoshop。

8. Colorsupply

这个网站收集了众多设计师的色彩搭配方案，按照五大配色方案来分类，非常适合作为扁平化配色方案的配色参考。

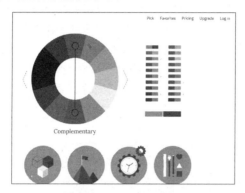

9. 猫啃网

猫啃网致力于为广大设计师提供免费的、可商用、无版权问题的免费字体。

10. Graphicriver

国外最大的 PPT 模板网站，网站中的模板都是定制级的，可以模仿练习、参考借鉴。

04 有哪些不会侵权的免费可商用字体?

字体是一种版权作品,我们在制作 PPT 使用字体时,一定要注意避免字体侵权。在使用一种字体之前,必须先了解其是否为免费字体。搜索字体推荐猫啃网,猫啃网目前收录可商用、无版权问题的免费字体 312 款。

1 在百度网中搜索"猫啃网",打开网站首页后,单击网页右上角的【字体大全表】就会打开【可免费商用中文字体下载大全一览表】页面。

2 在【可免费商用中文字体下载大全一览表】页面下方可以选择打包下载字体。

3 或者在列表中选择需要下载的字体。

这里推荐几款免费又好用的字体。

1. 阿里巴巴普惠体

阿里巴巴于 2019 年 4 月 27 日在 UCAN 2019 设计大会上，发布了一款字体——"阿里巴巴普惠体"，希望让整个生态的设计师、合作伙伴因为平台的赋能，真正得到实惠。

阿里巴巴普惠体

2. 庞门正道粗书体

庞门正道粗书体发布于 2018 年 12 月 6 日，车港敏同学用自己大半年的业余时间，完成了一套字库的书写、修改调整等工作。这款字体比预想的更加受欢迎，热播剧《庆余年》海报使用的也是庞门正道粗书体。

庞门正道粗书体

3. 包图小白体

包图小白体是一款简单可爱的创意字体。粗短的笔画，像"柯基"的小短腿，相比细长的字体来讲能给人带来更轻松的感觉。整体形态采用了镂空的设计，增强了字体的立体感，适合用于品牌标志、海报、包装、影视综艺、游戏、漫画等场景。

包图小白体

4. 江西拙楷体

这是一套手写楷体，相比计算机中标准化制作的楷体，这套字体的笔画带有一些书写的痕迹，每个字的笔画是没有统一标准的，所以看上去显得不够规范，但是会有一种自然的手写感。

江西拙楷体

5. 优设好身体

优设好身体是一款亲和力、时尚感极强的专业美术标题字体。它以圆体字型为基础，通过瘦高的字面、偏向几何的曲线，让整款字体富有亲和力和时尚感。在同样的面积里，更窄的字面就意味着能容纳更多的信息，所以这款字体非常适合用于需要体现亲和力与时尚感的各类品牌宣传广告和产品包装设计的标题上。

优设好身体

05 有哪些大气的毛笔字体?

毛笔字体能提高 PPT 作品的艺术感，多用于中国风 PPT 制作，有时也被用于科技发布会等场合。常见的毛笔字体有叶根友系列、禹卫书法行书简体、汉仪尚巍手书等。

在哪里下载这些好看的毛笔字体呢? 这里推荐下面几个网站（在百度网搜索网站名称即可）。

1. 字体下载网

一个很棒的字体下载网站，收录了超多字体，可免费下载。

2. 字客网

字客网是知名的字体下载与分享网站，包含毛笔、钢笔、手写、书法等字体，提供找字体、字体识别、字体下载、在线字体预览等功能。

3. 求字体网

求字体网提供上传图片找字体、字体实时预览、字体下载、字体版权检测、字体补齐等服务，可识别多种语言和字体。我们只需把文字截图上传到网站上识别匹配，就能快速找到相同及相似的字体，有些字体可以识别后直接下载。

4. 大图网

大图网提供精品设计图片素材下载，内容包括高清图片素材、PSD 素材、淘宝素材、影楼模板素材、矢量素材、免抠素材和中英文字体。

5. 模板王字库

模板王字库为设计师提供免费的字体下载，也提供各种中文字体字库的下载。

这里也推荐几款常用且好看的毛笔字体。

（1）汉仪尚巍手书

汉仪尚巍手书是一款应用于艺术设计的简体中文字体，该字体笔画粗壮，尾部的甩尾有力且有丰富的笔触细节，大字效果突出且引人注目，并且最大程度还原了作者书写字形，细节表现完整，且字库完整，可以广泛应用于名片设计、新闻媒体、宣传海报、PPT、影视制作及内容用字等领域。

（2）迷你简雪君字体

迷你简雪君字体打印的效果十分不错，经常能在广告和海报设计中见到这款字体，虽然是一款草书风格的字体，但设计上尽量保持字体原形，融简、繁写法于一体，可用于文章标题、广告制作、装饰、装帧、PPT 等。

（3）方正吕建德字体

方正吕建德字体由书法家吕建德先生创作。这款字体在继承王羲之、王献之书法的基础上，将楷体、行书两种字体相结合，用笔秀逸流畅，单字刚健挺拔。其风格舒展洒脱，适用于文化类的宣传设计，以及商业类品牌的广告和产品包装设计。

（4）禹卫书法行书简体

禹卫书法行书简体是一款风格独特的毛笔行书字体，字体轮廓飘逸，隽秀美观，可用于平面设计、名片设计、广告创意等。

（5）日文毛笔字体

日文毛笔字体是一款应用于书法设计方面的中文简体汉字字体，该字体大小适中，结构清晰，适用于报纸周刊、平面设计、广告设计、印刷包装等领域。

（6）汉仪雪君体简体

汉仪雪君体简体是一款非常清秀的字体，字体结构端正，笔画美观，非常适合报纸杂志等印刷品使用。

06 图片太模糊，怎么下载高清大图？

有时候在网上，右键单击图片却无法复制，但是截图又不够清晰，这时该怎么办呢？按【F12】键就能解决。

1 打开包含无法直接下载的图片的网页，按【F12】键，就可以打开包含一些代码的开发调试工具窗格。

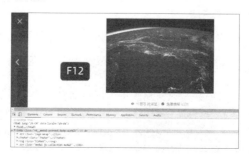

2 单击开发调试工具栏左上角带斜向箭头的图标。

3 单击图片区域，可以在开发调试工具窗格中看到一段图片对应的突出显示的代码。

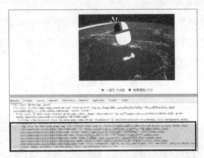

4 找到下方被定位到的代码，将鼠标指针放在有"http://"的那一行并单击鼠标右键，在弹出的菜单中选择【Open in new tab】命令。

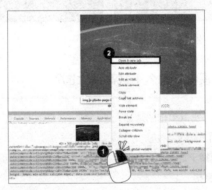

5 此时就在新的页面中打开了该图片。

6 鼠标右键单击图片，在快捷菜单中选择"图片另存为"即可下载该图片。

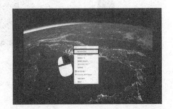

07 有哪些值得推荐的特效网站?

如果觉得自己PPT里的图片不够新颖,下面这几个特效网站就不要错过了(在百度网搜索网站名称即可)。

1. Photomosh

"Photomosh"是一个令人"惊艳"的故障效果在线制作网站,能够瞬间把任何图片做成故障艺术的效果,可以在线编辑图片和视频。"Photomosh"支持选择 JPG / PNG 图像,或是 MP4 短片,但不能长于 10 秒。

2. WordArt

"WordArt"是一个在线生成文字云的网站。用文字云做背景或当素材都非常好。"WordArt"官网目前只支持生成英文文字云。

3. Weaveslik

"Weaveslik"是一个镜像炫光生成网站,只要用鼠标随意图画,就能生成一组非常好看的炫光图形,可以作为 PPT 设计的背景,还能画出超酷的炫光文字。

4. 黑客帝国文字雨生成器

可以直接生成全屏的文字雨,并且支持自定义的多种设置。

5. Watereffect

"Watereffect"是一个简单的水中倒影图片在线生成器。上传图片，即可快速制作出水中倒影效果的 GIF 图片，无须注册便能直接使用。

6. Smallpdf

"Smallpdf"是一款非常好用的 PDF 工具箱，提供非常多的 PDF 文件管理功能，为用户提供压缩、转换格式、分割、合并、解密等十多个功能，操作简单。

7. remove.bg

利用"remove.bg"工具可以轻松抠图，只要上传照片并单击确认，5 秒后即可获得一张透明无背景的主体图片，而且可免费使用。

8. Color Hunt

这是一个通过饱和度生成配色方案的配色网站，每天会根据浏览量进行更新排序，配色方案可用于不同的 PPT 设计中。

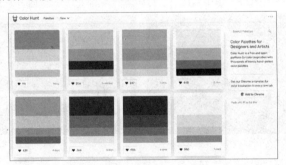

和秋叶一起学
秒懂 PPT

》 第 2 章 《

PPT 实用技巧

　　学习了很多 PPT 技巧，却不知道如何将它们应用到工作和生活中？掌握了本章介绍的实用 PPT 技巧，在职场中就能灵活使用 PPT 应对各种小问题，甚至可以实现利用 Photoshop、Illustrator、After Effects 等专业设计软件做出的效果，成为同事眼中的 PPT 高手。

2.1 PPT 的必备实用操作

本节主要介绍日常工作和生活中的 PPT 实用技巧，掌握本节内容，即可轻松解决日常遇到的 PPT 问题。

01 PPT 打印时如何节约纸张？

一个 PPT 文档少则十几页，多则上百页，如果直接打印很浪费纸张，不如试试缩放打印，以便节约纸张，操作步骤如下。

1 在菜单栏的【文件】选项卡中选择【打印】命令，在右侧界面的【设置】中依次设置参数："9 张垂直放置的幻灯片""双面打印（从长边翻转页面）""纯黑白"，最后单击【打印】按钮即可。

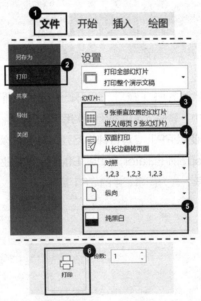

如果还想打印出来的幻灯片间距变小，那就要将 PPT 转换成 PDF 打印。

2 打开 PPT 文档，在菜单栏的【文件】选项卡中选择【另存为】命令，【保存类型】选择"PDF（*.pdf）"格式，最后单击【保存】按钮。

3 打开 PDF 文档，单击【打印】按钮，选择【更多设置】命令，在弹出的面板中，设置【双面打印】为【双面打印（翻转长边）】，【每张纸打印的页数】为【9 Page per Sheet】，最后单击【确定】按钮。

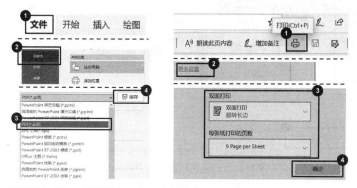

按照以上操作，就可以在一张纸上打印多页 PPT 了。

02 如何让 PPT 中的图表随 Excel 同步更新?

PPT 中经常展示各种各样的数据图表，如果图表中的数据发生变化，手动更新 PPT 非常耗时间。有没有一种方法可以实现 PPT 中的图表随 Excel 表格数据同步更新呢?

1 首先打开 Excel 文档，选中表格中的相应数据，按快捷键【Ctrl+C】复制表格。

员工姓名	四月	五月	六月	七月
表哥	333	460	167	126
鸭子	314	184	137	156
奥菲斯	423	255	355	160
战战	134	405	412	102
小美	316	263	149	255
Word姐	399	489	223	182
皮皮泮	369	453	306	346
小鱼	394	228	297	127
柯柯	282			132
牙签	116			404
现现	379			265
么么	383	130	417	119
小楦	138	333	330	376

2 切换到 PPT 文档，在【开始】选项卡的功能区中单击【粘贴】图标，在弹出的菜单中选择【选择性粘贴】命令。

3 在弹出的【选择性粘贴】对话框中选择【粘贴链接】选项，在右侧选中【Microsoft Excel 工作表对象】选项，最后单击【确定】按钮。

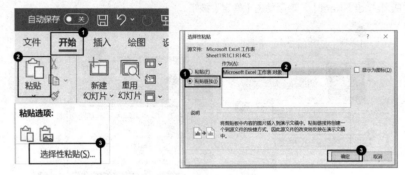

按照这种方式粘贴表格就可以实现数据同步更新。

03 如何防止用 PPT 演讲时忘词?

用 PPT 演讲时很容易紧张到忘词? 下面分享如何给自己设置"提词器"的方法。

1 打开 PPT 文档，单击下方状态栏中的【备注】图标，在备注栏中添加演讲内容。

2 按快捷键【Alt+F5】进入"演示者视图"，这时显示器上除了显示当前幻灯片和下一张幻灯片的预览，还会出现演讲者的备注内容和计时器。

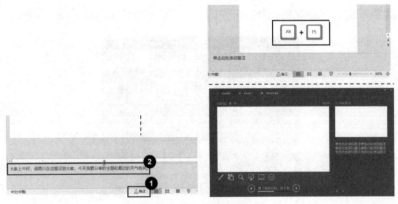

有了"提词器"，就再也不用担心汇报忘词了!

04 如何在播放 PPT 时用画笔做标记？

优秀的演讲者在用 PPT 演示时，除了语言表达外，在演讲过程中还会适当标注演讲重点，也能够更好地引导观众的注意力，让自己的演讲更有吸引力。怎样在播放 PPT 时在屏幕上做标记呢？

1 在【幻灯片放映】选项卡的功能区中单击【从当前幻灯片开始】图标，即可放映该页幻灯片。

2 右键单击放映界面，在弹出的菜单中选择【指针选项】-【笔】命令。

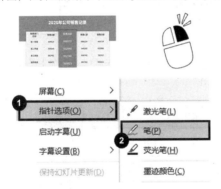

3 按住鼠标左键拖曳鼠标，画出标记的形状即可。

05 如何去除下载的 PPT 模板中的水印?

你有没有遇到这样的情况:在网站上下载了很多 PPT 模板,用的时候却发现每一页都有水印,无法选中删除。其实只要在母版视图中选中水印并进行删除就可以了。

1 打开演示文稿,在【视图】选项卡的功能区中单击【幻灯片母版】图标。

2 打开幻灯片母版视图后,在左侧母版缩略图中选中有水印的页面,在编辑区中逐个选中并删除水印。

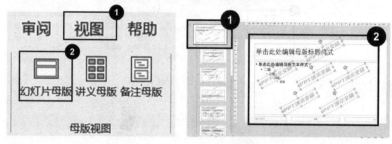

3 在【幻灯片母版】选项卡中,单击【关闭母版视图】图标退出母版视图,这时 PPT 模板中就没有水印了。

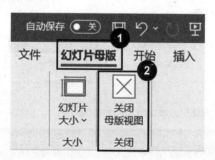

06 如何压缩 PPT 文件的大小?

当 PPT 文件中图片数量多,每张图片又很大时,PPT 文件就会很大,导致文档的保存或传输都不方便,这时可以对图片进行压缩处理以缩小文件。

① 选中图片，单击【图片格式】选项卡功能区中的【压缩图片】图标。

② 在弹出的【压缩图片】对话框中，选择【电子邮件（96ppi）：尽可能缩小文档以便共享】选项，最后单击【确定】按钮。

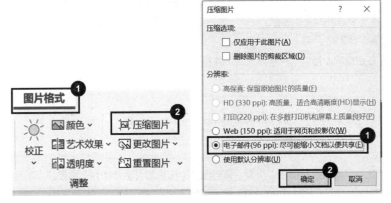

这样处理之后的 PPT 文件，图片就变小了，文件自然也会变小！

07 如何将字体嵌入 PPT 文件中？

辛辛苦苦做了一份漂漂亮亮的 PPT，领导收到打开后却说字体全是乱的？这是因为领导的计算机没有安装 PPT 中使用的特殊字体，这个问题该如何解决呢？

① 在菜单栏的【文件】选项卡中选择【选项】命令。

② 在弹出的【PowerPoint 选项】对话框中选择【保存】命令，在右侧菜单下方，选择【将字体嵌入文件】选项，单击【确定】按钮。

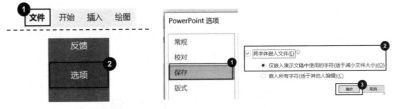

这样设置后，无论是谁接收到 PPT 文档，都可以看到漂亮的字体了。

08 怎样识别图片中的字体？

　　字体是做演示文稿必不可少的素材，有时候看到好看的海报字体，但凭经验并不能准确判断字体名称。有一个识别字体的网站，可以帮助大家快速识别字体，收集字体素材。

1 在百度网中搜索"求字体网站"并打开。

2 在【字体识别与搜索】页面，单击图片小图标即可上传图片，需要注意的是上传图片的大小不能超过 800KB，格式仅限于 JPG 和 PNG。

3 在弹出的【打开】对话框，找到素材图片所在位置，选中图片，单击【打开】按钮，将图片导入网站。

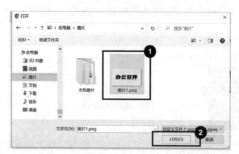

4 等待几秒后，网站跳转至【确认单字】页面，逐一确认每个单字，最后单击【开始搜索】按钮。

5 在弹出的新页面中，再次确认图片的字和对应框内的文字是否一致，单击【继续识别】按钮。

6 系统反馈可能匹配的字体，且在右侧提供下载链接。

使用这个网站，就可以轻松识别和收集各种字体素材。

09 如何将多张图片拼成一张长图?

有时候需要将多张图片拼接成一张长图，用 PPT 就可以实现长图的拼接，操作步骤如下。

1 在【插入】选项卡的功能区中单击【相册】图标,在弹出的菜单中选择【新建相册】命令。

2 在弹出的【相册】对话框中,单击【文件/磁盘】按钮。

3 在【插入新图片】对话框中,找到图片素材放置的位置,选中所有图片,单击【插入】按钮。

4 插入图片后,返回【相册】对话框,在【相册中的图片】中,选中需要的图片,最后单击【创建】按钮,图片直接导入 PPT 中。

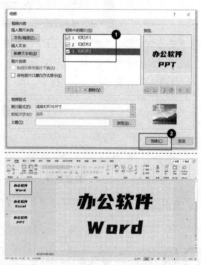

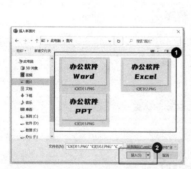

5 拼接长图需要借助一个 PPT 插件工具 iSlide。打开浏览器,在百度网中搜索"iSlide",进入官网主页,单击【下载 Windows 版】下载 PPT 插件,并安装插件。

6 重新打开演示文稿,在菜单栏的【iSlide】选项卡的功能区中单击【PPT 拼图】图标。

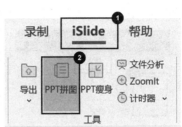

7 弹出【PPT 拼图】对话框，左侧为参数设置区，可调整导出长图的各项参数，右侧为长图效果预览区。设置完毕后，单击【另存为】按钮，即可将演示文稿中的每张幻灯片拼接成长图。

通过创建相册和"iSlide"插件的辅助，就可以非常方便地将多张图片拼成长图！

10 如何利用 PPT 实现图片的拆分效果？

有时在幻灯片里面直接插入图片进行排版显得过于单调，那如何能快速提升幻灯片图片排版的设计感呢？

1 在【插入】选项卡的功能区中单击【形状】图标，在弹出的菜单中选择【圆角矩形】并插入一个圆角矩形。

2 选中圆角矩形，按住【Ctrl】键拖曳矩形，快速复制出 8 个矩形，排列好后置于图片上。

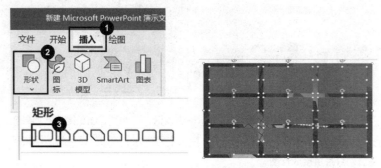

3 按住【Ctrl】键，先选中底部的图片，再选中所有矩形，在【形状格式】选项卡的功能区中选择【合并形状】-【拆分】命令。

4 这时图片已按照矩形排列的位置完成拆分，最后删除多余部分即可。

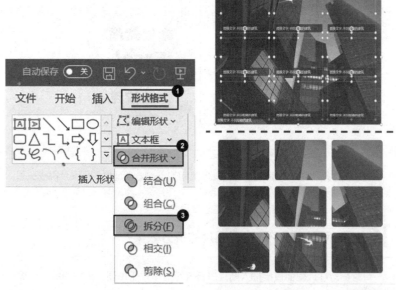

除了矩形，还可以插入三角形、四边形、圆形等，再搭配上文字就可以做出很有设计感的 PPT。

11 PPT 中怎样使用蒙版？

　　遇到 PPT 背景图片太复杂，文字信息不突出的情况，怎样处理会比较好呢？下面介绍一个简单的方法，不需要修改文字和图片，只需要利用蒙版就可以解决问题，操作步骤如下。

1️⃣ 在【插入】选项卡的功能区中单击【形状】图标，在弹出的菜单中选择【矩形】，在幻灯片中画出矩形。

2️⃣ 选中画出的矩形，鼠标右键单击该矩形，在弹出的菜单中选择【设置形状格式】命令。

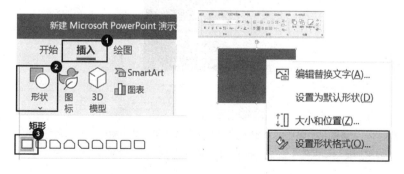

3 在右侧弹出的【设置形状格式】窗格中，将【填充】设置为【纯色填充】，根据需要调节【透明度】（透明度数值越高，矩形填充色越透明），将【线条】设置为【无线条】，这样就可以得到一个纯色蒙版。

4 如果需要设置渐变蒙版，可以将【填充】设置为【渐变填充】，【方向】可设置渐变的方向，截图中的演示效果是【线性向右】的填充效果，根据需要设置【透明度】，【线条】设置为【无线条】等。

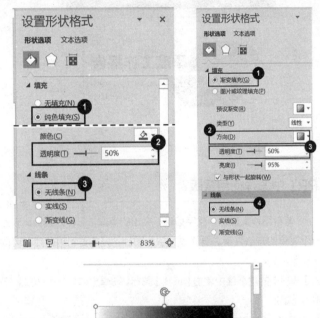

5 需要注意的是，蒙版通常置于文本内容下方使用。选中蒙版，单击鼠标右键，在弹出的菜单中选择【置于底层】-【下移一层】命令，将蒙版置于文字下方。

蒙版在 PPT 设计中很常用，使用蒙版既能保留原本的图片素材，又能突出文字信息，一举两得。

12 如何用 PPT 抠图去除背景？

我们经常在网上下载一些图片素材，有时候需要抠除图片中复杂的背景。如果不熟悉 Photoshop，该如何抠图呢？这里和大家分享用 PPT 抠图的技巧。

1 选中图片，在【图片格式】选项卡的功能区中单击【删除背景】图标。

②如果需要抠图的图片背景比较干净，素材轮廓明显，只需调整抠图区域，立刻就可以处理好。

③如果遇到背景复杂的图片，单击【背景消除】选项卡功能区中的【标记要保留的区域】图标，用画笔在图片中标记要保留的部分。

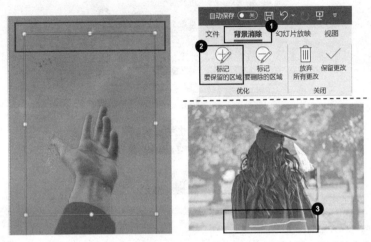

④再单击【标记要删除的区域】图标，用画笔标记不需要的区域，最后单击【保留更改】图标即可完成抠图。

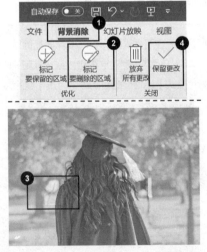

PPT抠图方便又好用，简单或复杂的图片都可以轻松搞定！

13 如何在 PPT 中去除 Logo 的底色和更改 Logo 的颜色？

制作商务型 PPT 的时候，会选用和企业 Logo 的主题颜色相符的 PPT 模板，但如果没有找到合适的模板，怎样处理 Logo，才会显得和谐呢？其实只要把 Logo 背景变透明就可以。

1 选中幻灯片中的 Logo 图片，单击【图片格式】选项卡功能区中的【颜色】图标，在弹出的菜单中选择【设置透明色】命令。

2 单击 Logo 图片的背景，背景颜色就自动变成透明。

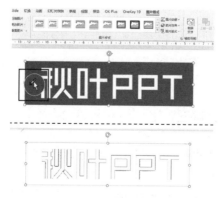

根据 PPT 模板的主题颜色更换 Logo 颜色的方法如下。

3 选中 Logo 图片，单击鼠标右键，在弹出的菜单中选择【设置图片格式】命令。

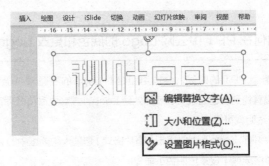

4 在右侧的【设置图片格式】窗格中，在【图片】设置下选择【图片颜色】-【重新着色】命令，有多种颜色可供选择，这样就能任意变换 Logo 颜色了。

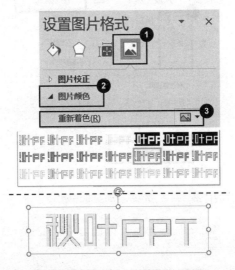

14 如何快速截图?

大家经常都会使用微信和 QQ 截图，如果计算机没有联网，该如何截图呢？下面介绍两个简单的方法。

方法 1：使用计算机自带的截图工具

按快捷键【Shift+ ■ +S】可以全屏或按照绘制的任意形状截图。

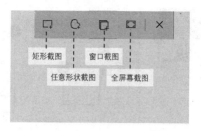

方法 2：使用 PPT 自带的截图功能

1 打开 PPT 文档，在【插入】选项卡的功能区中单击【屏幕截图】图标，在弹出的菜单中选择【屏幕剪辑】命令。

2 按住鼠标左键拖曳鼠标可使用矩形截图，截图后的图片可以直接插入 PPT 中。

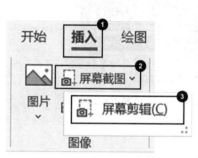

15 怎样在 PPT 中使用超链接？

在 PPT 演示过程中，如果想要实现同一份文档不同幻灯片之间的快速跳转，可以通过添加超链接实现。

1 选中需要添加超链接的素材对象，在【插入】选项卡的功能区中单击【链接】图标。

2 在弹出的【插入超链接】对话框中，单击【本文档中的位置】，在【请选择文档中的位置】中选中跳转的目标幻灯片，可在【幻灯片预览】区查看选择是否正确，最后单击【确定】按钮，这样就成功插入了超链接。

3 如果想要将同一个素材对象的跳转应用在其他幻灯片页面，无须重新设置，只要选中素材对象，按快捷键【Ctrl】+【C】/【V】就可以将超链接的跳转复制、粘贴到其他页幻灯片，超链接依然有效。

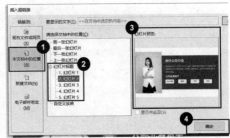

设置完超链接后，只要单击素材对象就可以快速跳转到指定页面了。

16 如何巧妙更改 PPT 中超链接文字的颜色？

在 PPT 中经常需要使用超链接打开网页或其他文件，设置了超链接的文字的颜色会发生改变，而且已访问的超链接和未访问的超链接的文字颜色还不一样，页面颜色杂乱。如何更改超链接的文字颜色呢？操作步骤如下。

<u>已访问的超链接</u>

<u>未访问的超链接</u>

不含超链接文字

1 在【设计】选项卡的功能区中单击【变体】组中的下拉按钮。

② 在弹出的菜单中，选择【颜色】-【自定义颜色】命令。

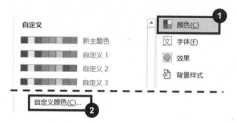

③ 在弹出的【新建主题颜色】对话框中，依次单击设置【超链接】和【已访问的超链接】的颜色，如均设置为黑色，最后单击【保存】按钮。

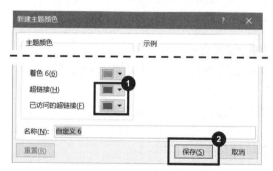

完成以上步骤后，该文件中所有超链接的颜色就修改完了。

17 如何给幻灯片添加带总页数的页码？

在 PPT 普通视图下，我们可以很方便地查看每张幻灯片的页码，但是在播放过程中，就分不清了。那么如何给幻灯片添加在播放中也能查看的页码呢？

1. 添加默认页码

① 打开需要添加页码的演示文稿，在【插入】选项卡的功能区中单击【文本】组中的【幻灯片编号】图标。

2 在弹出的【页眉和页脚】对话框中,在【幻灯片】选项卡中选择【幻灯片编号】选项,就能看到右上角的预览窗口中右下角的文本框变成了黑色,单击【全部应用】按钮即可。

2. 添加带总页数的页码

1 打开 PPT 文档,在【视图】选项卡的功能区中单击【幻灯片母版】图标,此时会跳转到幻灯片的母版视图。

2 选择幻灯片中应用的版式,然后在右边窗格中右下角的"页码"文本框的文本"〈#〉"后添加 PPT 的总页数,例如,加上"/4"或"/ 总页数 4 张",需要注意的是,标题和内容页的版式都需要添加。

3 在【插入】选项卡的功能区中单击【文本】组中的【幻灯片编号】图标。

4 在弹出的【页眉和页脚】对话框中，在【幻灯片】选项卡中选择【幻灯片编号】选项，就能看到右上角的预览窗口中右下角的文本框变成了黑色，单击【全部应用】按钮。

5 切换至【幻灯片母版】选项卡，在功能区中单击【关闭母版视图】图标，退出幻灯片母版编辑模式，就可以看到幻灯片的右下角显示了页码和总页码。

18 如何给 PPT 文件加密？

如果不想别人编辑修改重要的 PPT 文件，可以加密保存该文件。

1 打开 PPT 文档，单击【文件】选项卡，选择【信息】-【保护演示文稿】-【用密码进行加密】命令。

2 在弹出的【加密文档】对话框中输入密码，单击【确定】按钮。

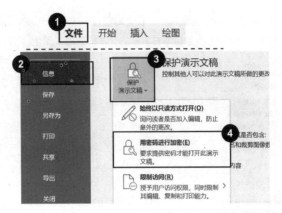

3 在弹出的【确认密码】对话框中重新输入密码，单击【确定】按钮，最后保存文档，就完成文件加密。

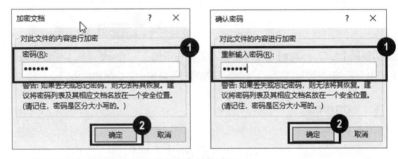

这样设置加密保存后，文档就不会被修改了。

19 下划线为什么总是对不齐？

有时候在做 PPT 封面排版，会用到下划线，但输入内容后发现，有些下划线无法对齐。有什么办法可以解决这个小难题呢？

1 在【插入】选项卡的功能区中单击【表格】图标，在弹出的菜单中选择【表格】命令，选择表格区域，再在单元格中输入相应的文本。

2 选中表格，在【表设计】选项卡的功能区中，单击【边框】图标右侧的下拉按钮，在弹出的菜单中选择【无框线】命令，单击【底纹】图标右侧的下拉按钮，在弹出的菜单中选择【无填充】命令。

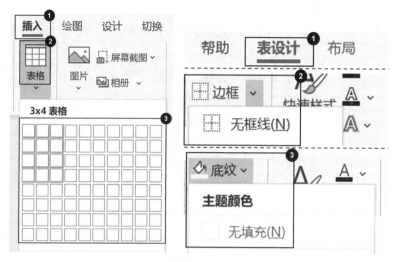

3 选中表格第 1 列的单元格，在【开始】选项卡的功能区中单击【分散对齐】按钮。

4 选中表格第 2 列单元格，在【开始】选项卡的功能区中单击【居中】按钮。

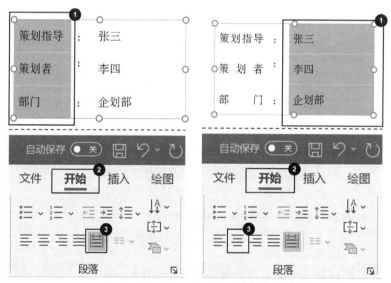

5 最后选中需要添加下划线的文本，在【表设计】选项卡的功能区中，单击【边框】图标右侧下拉按钮，在弹出的菜单中选择【内部框线】和【下框线】命令即可。

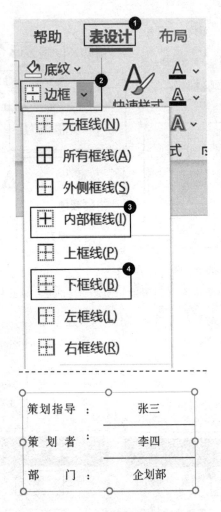

无论输入多少内容，下划线永远都是整整齐齐的。

20 如何设置取消拼写检查后标记的下划线？

有时 PPT 里面有些内容被标记了下划线，这是一种错误标记。如何去掉这些错误标记的下划线呢？

■ 单击【文件】选项卡，选择【选项】命令。

■ 在【PowerPoint选项】对话框中选择【校对】命令，单击右侧的【自定义词典】
按钮。

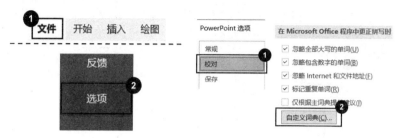

■ 在弹出的【自定义词典】对话框中，单击【编辑单词列表】按钮。

■ 在【RoamingCustom.dic】对话框下的【单词】栏中输入被标记下划线的文本，
单击【添加】按钮就可以把文本内容添加至词典，最后依次单击所有弹出框中的【确
定】按钮即可。

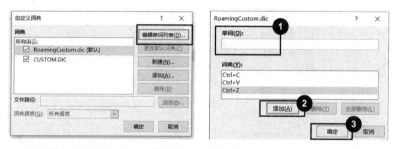

按照以上方式操作，即可轻松取消文本内容的下划线，演示文稿页面会更美观。

21 在 PPT 中如何输入数学公式?

PPT 是一种常见的教学工具，有时候在做课件时会发现有些特殊的公式非
常难输入，如何在 PPT 中输入复杂数学公式呢?

■ 在【插入】选项卡的功能区中单击【公式】图标。

■ 在弹出的菜单中选择【墨迹公式】命令。

■ 在弹出的【数字输入控件】对话框中，可以通过单击鼠标并拖曳的方式写入公式，
非常方便快捷。

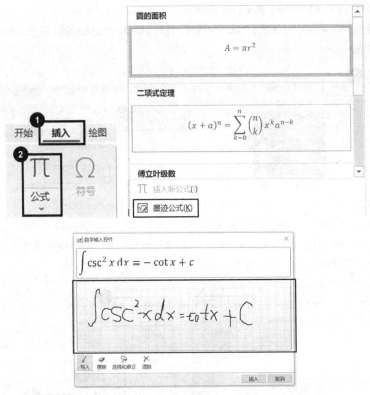

学会这个技巧，再复杂的公式也能轻松输入！

22 如何在 PPT 内保留原格式地复制幻灯片？

当我们用快捷键【Ctrl+C】【Ctrl+V】进行复制、粘贴幻灯片时，会发现幻灯片的格式发生了变化。那么，如何在复制幻灯片的过程中保留原格式呢？

1. 同一个演示文稿中复制幻灯片

打开演示文稿，在左侧缩略图窗格中，选中幻灯片，单击鼠标右键，在弹出的菜单中选择【复制幻灯片】命令，就可以快速完成幻灯片复制。

2. 不同演示文稿间复制幻灯片

1 在当前演示文稿中选中需要复制的幻灯片，使用快捷键【Ctrl+C】复制幻灯片。

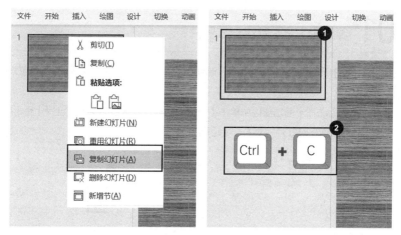

2 切换至另一个演示文稿，在【开始】选项卡的功能区中单击【粘贴】图标，在弹出的菜单中选择【保留原格式】命令。

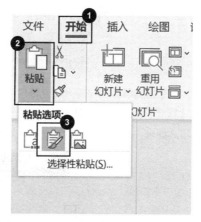

通过以上操作，可以把幻灯片版式、背景等一并复制，保留原格式。

2.2　PPT 的职场实战运用

本节主要介绍职场中应用 PPT 的高频场景中的使用技巧，让你更好地掌握职场 PPT 的制作思路和技巧，在工作中脱颖而出。

01 怎样用 PPT 制作一寸照片？

　　个人证件照要换底色，不会用 Photoshop 更换颜色怎么办？使用 PPT 也可以快速制作出个人证件照。

1 在【插入】选项卡的功能区中单击【形状】图标，在弹出的菜单中选择【矩形】命令，拖曳鼠标在幻灯片中插入一个矩形。

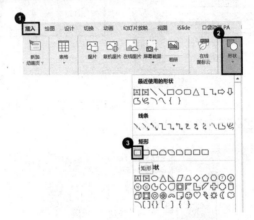

2 制作一寸证件照，需要在【形状格式】选项卡的功能区中将矩形的【高度】设置为"3.5 厘米"，将【宽度】设置为"2.5 厘米"，如果制作 2 寸证件照，则需要将【高度】设置为"5.3 厘米"，【宽度】设置为"3.5 厘米"。

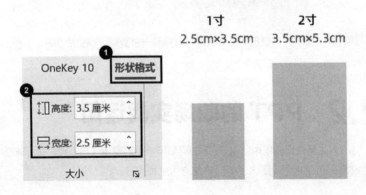

证件照尺寸

1寸　　　　2寸
2.5cm×3.5cm　　3.5cm×5.3cm

3 鼠标右键单击矩形，在弹出的菜单中选择【设置形状格式】命令。

4 在【设置形状格式】窗格中，单击【填充】组下的【填充颜色】按钮，在下拉面板中选择【其他颜色 ...】。

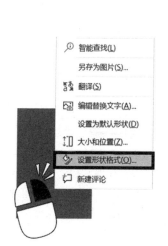

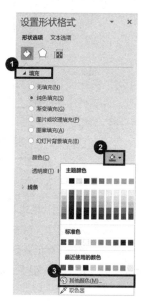

5 如果希望照片为红底，在【颜色】对话框中单击【自定义】选项卡，将【颜色模式】设置为【RGB】，将矩形的【红色】值设置为"220"，【绿色】和【蓝色】均设置为"0"；如果希望照片为蓝底，则将矩形的【红色】值设置为"60"，【绿色】设置为"140"，【蓝色】设置为"220"，设置完成后单击【确定】按钮。

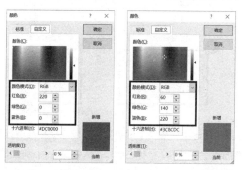

6 在【插入】选项卡的功能区中单击【图片】图标，在弹出的【插入图片】对话框中选中要添加的个人证件照，并单击【插入】按钮，插入图片。

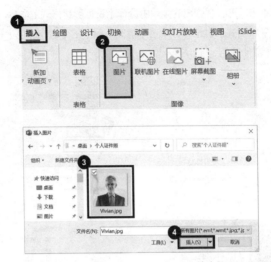

7 选择插入的图片，在【图片格式】选项卡的功能区中单击【删除背景】图标，在【背景消除】选项卡的功能区中，单击【标记要保留的区域】图标，并在图片上涂抹出要保留的区域；单击【标记要删除的区域】图标，并在图片上涂抹出要删除的区域，完成后单击【保留更改】图标退出【背景消除】选项卡。

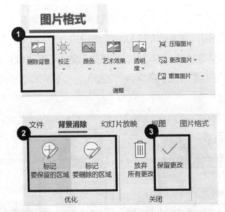

8 将人物图片放置在矩形上，按住【Shift】键，按住鼠标左键拖曳人物图片四周的控点，将图片缩放至合适大小，鼠标右键单击人物图片，在弹出的菜单中选择【裁剪】命令。

9 按住鼠标左键拖曳出现的黑色裁剪框，将人物图片裁剪至矩形大小。

10 按住【Ctrl】键依次选择人物图片和矩形，按快捷键【Ctrl+G】，将图片和矩形进行组合，右键单击组合后的图片，在弹出的菜单中选择【另存为图片】命令。

11 在【另存为图片】对话框中重新命名【文件名】，并单击【保存】按钮。

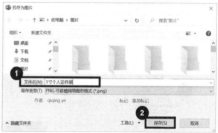

02 纯文字 PPT 如何做到简约大方？

年终总结等汇报场合经常需要使用纯文字的 PPT，如何把纯文字的 PPT 做到简约大方，而不是简单罗列文字呢？

1 先梳理结构，在 PPT 中提炼出每页的关键词。

2 选择粗大的字体，这里推荐 3 款字体："思源黑体""思源宋体""庞门正道标题体"，字号可以设置为 120 ～ 160 磅。

③ 鼠标右键单击文本框，在弹出的菜单中选择【设置形状格式】命令。

④ 在【设置形状格式】窗格中单击【文本选项】，将【文本填充】设置为【渐变填充】，将【类型】设置为【射线】，【方向】设置为【从中心】，分别设置渐变光圈为白色到金色，为文字做出金色渐变的质感，并添加上英文，这样文字就不再单调了。

⑤ 鼠标右键单击 PPT 页面，在弹出的菜单中选择【设置背景格式】命令。

⑥ 在【设置背景格式】窗格中，将【填充】设置为【图片或纹理填充】，在【图片源】组中单击【插入】按钮。

7 在【插入图片】对话框中选择【来自文件】选项，在【插入图片】对话框中选中要插入的背景图片，单击【插入】按钮，就可以更换背景。

这样做纯文字的 PPT 既简洁大方，又节约时间。

03 团队介绍 PPT 如何设计？

在制作团队介绍 PPT 时，你是不是还在一张一张地调整图片的大小和位置呀？赶紧来学学这一招吧，让你快速搞定团队介绍 PPT 图片排版。

1 选中所有团队成员图片。

2 在【图片格式】选项卡的功能区中单击【图片版式】图标，在弹出的菜单中选择合适的图片型 SmartArt 图示，这里以选择【蛇形图片半透明文本】为例，图片就会自动对齐排列。

3 按住鼠标左键拖曳 SmartArt 左右两边的控点，SmartArt 就会自动按照宽度来调整图片布局。

4 鼠标右键单击 SmartArt，在弹出的菜单单击【样式】【颜色】【布局】图标做相应的调整。

⑤ 最后为幻灯片加上团队介绍和名称即可。

团队介绍还可以选择【题注图片】【六边形群集】【图片网格】等常用版式。

04 如何设计公司的组织架构图？

有时候领导要求做出公司的组织架构图，你是不是还在用一个个文本框和直线来组合制作？下面介绍的这一招能让你快速搞定公司组织架构图。

① 先将公司架构名称复制到 PPT 的文本框里。

② 按【Tab】键给架构名称分级，按一下是一级，按两下是两级，以此类推，完成组织结构的分级。

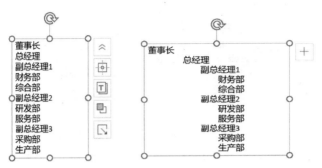

3 选中文本框，在【开始】选项卡的功能区中单击【转换为 SmartArt 图形】图标。

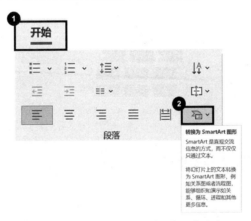

4 在弹出的菜单中选择【其他 SmartArt 图形（M）...】命令。

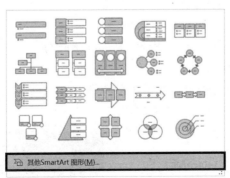

5 在弹出的【选择 SmartArt 图形】对话框中选择【层次结构】里的【组织结构图】，
并单击【确定】按钮，就能生成组织结构图。

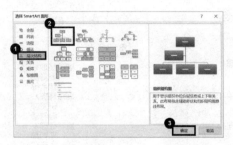

6 右键单击组织结构图，还可以在弹出的菜单上方单击相应的图标完成各项设置。

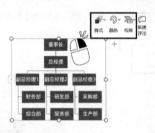

05 结束页怎样做更出彩?

你的 PPT 结束页是不是还在用"谢谢"或"感谢聆听"这样的文字呢? 我们一起来看看下面 3 种出彩的 PPT 结束页。

1. 直接放企业 Logo

这种方式特别适合企业对外使用的 PPT，显得非常正式、专业，可以展示企业的形象，增强观众记忆的同时还能起到画龙点睛的作用。

2. 表达企业愿景

用金句或名人名言作为结尾，一方面能够传达演讲者和所在企业的核心价值观，另一方面也能够抒发情怀，引发观众共鸣。

3. 留下联系方式

想吸引人才或产生合作，可以直接展示你的联系方式，以便和现场观众进一步交流。

06 年终总结 PPT 要避免哪些"坑"？

你的年终总结 PPT 踩"坑"了吗？下面介绍如何避免年终总结 PPT 出现 4 个大"坑"吧。

1. 封面页别用干巴巴的标题

可以用口号型标题来鼓舞士气，给人一种开门见山的感觉。在年终总结 PPT 中比较常见。

还可以用数字型标题。用数据说话，以一个数字作为支撑点，主要内容围绕数字展示突出。数据可以是方法，也可以是销售金额或其他数据等。

2. 内容页不要全是文字、杂乱无章

可以通过分段突出标题，让内容层次更加清晰、重点更加突出。

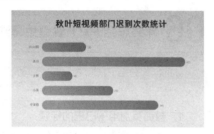

3. 数据展示要清晰

可以用图表的方式来展示数据，让数据更加直观。

4. 结尾页不要只使用"谢谢聆听"

可以使用感谢型、展望型等结束语。

避开上面 4 个"坑"，可大大改善年终总结 PPT。

07 如何梳理年终总结的框架?

还在为年终总结不知道从哪入手而烦恼吗? 快来看看年终总结的通用模板吧。
年终总结通常包含 4 个板块。

1. 工作业绩

包括今年业绩是否达标,完成了哪些项目及工作进展程度。

2. 亮点经验

包括今年优化了哪些工作流程,有没有拓宽工作渠道,节省了哪些成本等。

工作业绩
Achievement

业绩是否达标
完成哪些项目
工作进展程度

亮点经验
Experience

优化哪些流程
拓宽哪些渠道
节省哪些成本

3. 问题分析

可以讲讲工作目前面临的挑战,是什么原因导致的,准备怎样处理。

4. 未来计划

可以写下自己对于明年的规划,需要什么支持,设定好初步目标。

问题分析
Analysis

面临哪些挑战
什么原因导致
准备怎么处理

未来计划
Plan

下一步的安排
需要什么支持
设定初步目标

按照上面 4 个方面梳理年终总结,总结会变得更加清晰,易于解释。

08 在教学课件中怎样做出单选题的交互效果?

老师在 PPT 课件中加入课堂作业,以帮助学生巩固知识。如何在 PPT 课件
中制作可以互动的单选题呢?

1 先在文本框中编辑好标题和题干。

2 在【文件】选项卡中选择【选项】命令。

单选题

1. This is a good book. It's worth _____.

3 在打开的【PowerPoint 选项】对话框中选择【自定义功能区】命令，在右侧【主选项卡】下选择【开发工具】选项；单击【确定】按钮，让【开发工具】选项卡显示在 PowerPoint 菜单栏上。

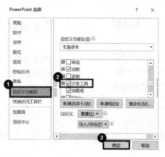

4 在【开发工具】选项卡的功能区中单击【选择按钮】图标，然后在幻灯片中的合适位置绘制一个单选按钮。

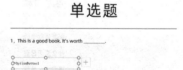

注意：

第一次使用该功能时，软件会弹出一个【Microsoft PowerPoint 安全声明】的对话框，只需单击【启用 ActiveX】按钮即可。

5 右键单击【选项按钮】，在弹出的菜单中选择【属性表】命令，在打开的【属性】对话框中，将【Caption】的值设置为 A 选项的内容，如 "A.to read"，这样单选按钮后就会显示 A 选项的内容，然后根据需要修改其他属性（如字体、颜色），最后关闭【属性】对话框。

6 选中【单选按钮】，按住【Ctrl】键并拖曳鼠标可以复制一个单选按钮，这里一共复制 3 份。

7 用步骤**5**的方法修改其他单选按钮后的文字。

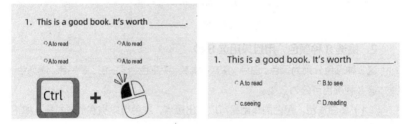

8 双击【单选选项】，在 Visual Basic 编辑器的代码框中给每个选项按钮输入一段代码："MsgBox "选择错误！请仔细思考！"，vbOKOnly，"提示""，代码的含义都是选中本单选按钮后会弹出一个提示框，只是提示的具体信息有所不同，这根据代码中第一个双引号内的文字而定，而后保存并关闭 Visual Basic 编辑器，就可以在幻灯片放映模式下查看效果了。

09 不套模板怎样做 PPT？

接到要做 PPT 的任务，你是不是马上就想找模板呢？在工作场合中使用的 PPT，简洁大方更好，不需要做得过于复杂，只要做到以下 5 点就可以让你的 PPT 充满设计感。

1. 只用纯白底色

因为白色跟任何颜色都是百搭的，在颜色的还原度上，白色背景的表现更加优秀，而且白色和其他颜色相比，更能给人一种纯净的感觉。

2. 挑选 8 种颜色，用且只用这 8 种

这 8 种颜色分别为黑色、白色、深灰、浅灰、深主色、浅主色、深亮色、浅亮色。这 8 种颜色可分为 3 类。

（1）黑白灰色：黑白的作用是可以突出重点，灰色可以当底色或衬托，如下图右侧所示。

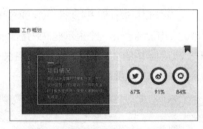

（2）深浅主色：主色是用得最多的颜色，会奠定基调，如热烈的红、明亮的橙、沉静的蓝、清新的绿，一般可选择公司 Logo 的色调。

（3）深浅亮色：如果主色偏安静，可能需要一点明亮色系，突出重点、提亮画面。

这 8 种颜色的使用并没有定式。有时用 3 种颜色也可以做出很好的效果。如蚂蚁金服只有黑白蓝 3 色的 PPT。

3. 想好这页讲什么，再去找版式

选版式，先想好这页的内容，然后才选择版式。

4. 选好排版参考，"偷工减料"地借鉴

直接借鉴选好的版式不太好，借鉴过程中也是有"技巧"的。

① 只参考最简单的排版设计，复杂的设计制作起来费时费力，得不偿失。

② 偷工减料地借鉴——设计感强的 PPT，往往细节丰富，只借鉴大体设计即可。

③ 定好颜色——这一点绝对不能偷懒，选好颜色搭配,PPT 的设计感会大大加强。

例如，一个可参考的排版如下。

我们可以简化为下面这样，省略很多细节。

5. 一丝不苟的对齐

做好对齐统一的细节：白底黑字、少量颜色；字体大小统一；段落字句等处处对齐，PPT 就会大不一样。

PPT 是重要的沟通工具，要做得大方专业，做出设计感，就要用白底黑字、统一字体、少许颜色、处处对齐。

和秋叶一起学

秒懂 PPT

▶ 第 3 章 ◀
PPT 炫酷特效

在做好 PPT 内容的基础上，如果做出炫酷的亮点，能最大程度吸引观众的眼球，让人印象深刻。制作炫酷特效的重点在于做好标题设计和动画设计，所以本章主要介绍创意十足的文字特效和视觉冲击力极强的动画特效的制作方法。

3.1 PPT 的炫酷文字特效

本节主要涉及文字特效的设计，特别适用于封面标题设计和重点页面的关键文字设计，做出让人眼前一亮的炫酷效果。

01 PPT 中如何做出粉笔字特效？

无论是教学课件，还是答辩展示，在制作这类校园主题 PPT 时，我们都可以尝试给文字加上粉笔字效果，这样的 PPT 更符合校园场景，整体风格也更加活泼。如何做出这种炫酷的粉笔字特效呢？

炫酷的粉笔字特效

1 在【插入】选项卡的功能区中单击【形状】图标，在弹出的菜单中选择【任意多边形：自由曲线】命令。

2 自由绘制一条曲线，按住【Ctrl】键，同时将曲线向右拖动一小段距离，复制出一条曲线；然后按【F4】键重复上一步操作，多复制出几条曲线。

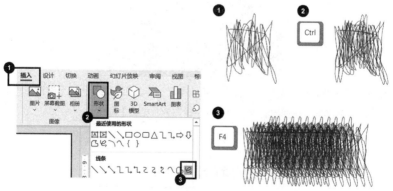

3 选中绘制出的全部曲线，按快捷键【Ctrl+G】将曲线组合在一起。

4 选中曲线组合，右键单击后在弹出的菜单中选择【剪切】命令；在空白处右键单击，在弹出菜单的【粘贴选项】组中选择【粘贴为图片】。

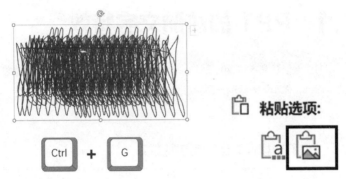

5 右键单击图片，在弹出的菜单中选择【裁剪】命令，拖曳裁剪框将边缘纹理较为稀疏的部分裁剪掉。

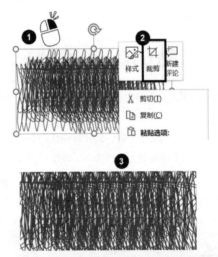

6 右键单击裁剪后的图片，在弹出的菜单中选择【剪切】命令，然后右键单击需要修改的文本框，在弹出的菜单中选择【设置形状格式】命令。

7 在【设置形状格式】面板中，单击【文本选项】，在【文本填充】组中选择【图片或纹理填充】选项，在【图片源】组中单击【剪贴板】按钮。

通过以上操作，炫酷的粉笔字效果就制作完成了。此外，还可以通过修改曲线的颜色来调整粉笔字的颜色。

02 PPT 中如何做出渐隐文字特效？

渐隐文字的效果丰富了文字的表达层次，一直以来深受设计师的喜爱。用 PPT 设计渐隐字其实也非常简单。

渐隐文字特效

1 制作渐隐文字效果需要将文字拆分为每个文本框内仅一个文字。首先，在【插入】选项卡的功能区中单击【文本框】图标，在 PPT 中单击插入一个文本框并输入第一个字。

2 按住【Ctrl】键，同时将文本框向右拖曳，复制出一个，使两个文字一小部分重叠在一起。

3 按【F4】键重复上一步操作，复制出足够数量的文本框，然后逐一更改文本框中的文字内容。

渐 按住Ctrl键向右拖动 → **渐新** **渐隐文字特效**

▉4 用鼠标框选所有文本框，右键单击文本框，在弹出的菜单中选择【设置形状格式】命令。

▉5 在弹出的【设置形状格式】面板中单击【文本选项】，然后单击【文本填充】图标，在【文本填充】组中选择【渐变填充】选项。

▉6 调整渐变设置。【类型】设置为【线性】，【角度】设置为"0°"。设置两个渐变光圈为同一颜色，左侧渐变光圈【位置】为"0%"，透明度为"0%"；右侧渐变光圈【位置】为"100%"，透明度为"100%"。

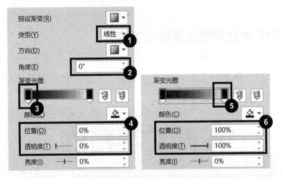

渐隐文字效果就设计完成了，可以进一步调整渐变颜色，做出更丰富的渐隐文字效果。

03 PPT 中如何做出叠字效果？

叠字效果是一种简单易用的丰富文字层次的方法，在 PPT 中也经常应用。

重叠文字风格

方法 1：用两个文本框设计叠字

1 选中需要制作叠字效果的文本框，按快捷键【Ctrl+D】，复制一个文本框，并修改文字填充为较浅的颜色。

2 鼠标右键单击第二个文本框，在弹出的菜单中选择【置于底层】命令，调整其位置，叠字效果就制作完成了。

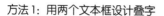

利用方法 1 的思路，可以实现多重叠字，而且每一层文字均可以独立设置文本的填充、描边等属性，可扩展性较强。

方法 2：用文本阴影设计叠字

1 右键单击需要制作叠字效果的文本框，在弹出的菜单中选择【设置形状格式】命令，在弹出的窗格中，单击【文本选项】，单击【文字效果】图标，在【阴影】的设置中，单击【预设】下拉按钮，选择【外部】组中的【偏移：右下】选项。

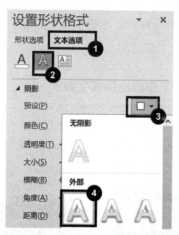

此时，PPT 默认的阴影效果如下图所示。我们需要对阴影进行详细设置。

2 修改阴影设置：在【颜色】中选择一个叠字的颜色，【模糊】设置为"0 磅"，其余参数可以根据需要自行设置。如【透明度】设置为"0%"，【大小】设置为"100%"，【角度】设置为"45°"，【距离】设置为"3 磅"。

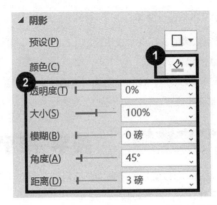

利用文本阴影设计的叠字效果就制作完成了。方法 2 的优点是易于修改，对文字进行编辑时，叠字效果也可以自动变化，不需要重新设置。

叠字-设置阴影

两种方法在设计中都非常常用，也都有一定的拓展性，大家可以继续探索。

04 如何在 PPT 中做出抖音字效?

抖音字效是现在非常流行的设计风格，如何用 PPT 制作抖音字效呢?

1 选中需要制作抖音字效果的文本框，按两次快捷键【Ctrl+D】，复制出两个文本框。

抖音风格　抖音风格

2 选中原始的文本框，在【形状格式】选项卡的功能区中单击【文本填充】图标，在弹出的菜单中选择【其他填充颜色】命令。

3 在弹出的【颜色】对话框中，选择【自定义】选项卡，将颜色模式改为【RGB】，并分别设置【红色】【绿色】【蓝色】的数值为 "39" "242" "241"，单击【确定】按钮。

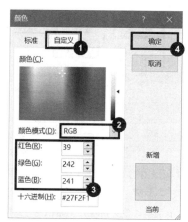

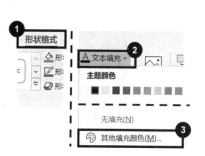

4 选中复制出的第一个文本框，重复步骤**2**和步骤**3**的操作，注意将【红色】【绿色】【蓝色】的数值分别设置为"255""25""85"。

5 选中复制出的第二个文本框，在【形状格式】选项卡的功能区中单击【文本填充】图标，在弹出的菜单中选择【白色】。

6 右键单击页面空白处，在弹出的菜单中选择【设置背景格式】命令，在【设置背景格式】面板的【填充】组中选择【纯色填充】选项，然后修改【颜色】为【黑色】。

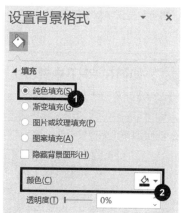

7 框选所有文本框，在【形状格式】选项卡的功能区中单击【对齐】图标，并依次选择【水平居中】和【垂直居中】选项。

8 在【开始】选项卡的功能区中单击【排列】图标，在弹出的菜单中选择【选择窗格】命令。

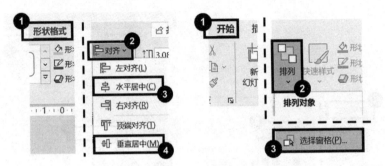

9 在弹出的【选择】窗格中可以看到，"文本框1"位于最底层，"文本框3"位于最顶层，"文本框2"位于中间层。选择"文本框1"，按键盘方向键的【左】【上】各4次；选择"文本框2"，按键盘方向键的【右】【下】各4次。

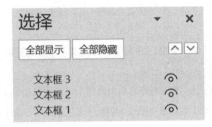

抖音风格文字就制作完成了。

05 如何在 PPT 中做出线条字体？

利用线条字体可以丰富字体层次，线条字体非常适合运用在标题文字的设计中。那么如何用 PPT 做出好看的线条字体呢？

1 选中需要制作线条文字效果的文本框，按快捷键【Ctrl+D】，复制一个文本框。

2 右键单击第一个文本框，在弹出的菜单中选择【设置形状格式】命令，在【设置形状格式】面板中，单击【文本选项】-【文本填充与轮廓】图标，在【文本填充】中选择【图案填充】选项，选择【对角线：宽下对角】选项，在【前景色】中根据需要设置一个颜色较浅的颜色，如"橙黄色"。

3 右键单击第二个文本框，在弹出的菜单中选择【设置形状格式】命令，在【设置形状格式】面板中，单击【文本选项】-【文本填充与轮廓】图标，在【文本填充】组中选择【无填充】选项，在【文本轮廓】组中选择【实线】选项，并设置一个颜色，如"黑色"。

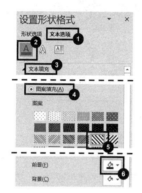 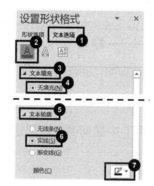

　　完成以上步骤后，移动两个文本框的位置，让两层文字相互错开一些，好看的线条字体就设计完成了。

06 PPT 中如何制作镂空文字?

　　想把一张好看的图片放入 PPT 中使用，搭配镂空的文字效果是最合适的，显得既高级又有个性。那么如何在 PPT 中制作镂空文字呢?

1 在制作镂空文字效果时，页面的主要元素包括三个，最底层是图片，中间层是形状，最顶层是文字。首先要调整好各元素的位置。

2 按住【Ctrl】键，然后依次单击选择形状、文字。

3 在【形状格式】选项卡的功能区中单击【合并形状】图标,在弹出的菜单中选择【剪除】命令，镂空文字效果就制作完成了。

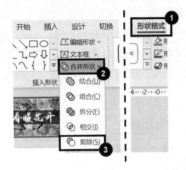

此外，我们还可以将底层的图片换成视频，就能做出动态的镂空文字效果。

07 PPT 中如何做出炫酷切割字效果?

给文字制作切割效果，然后为每一部分填充不同的颜色或图片，或者设置不同的参数，可以进一步丰富文字的层次感。这种炫酷的切割字效果是如何制作的呢?

1. 插入矩形

1 在【插入】选项卡的功能区中单击【形状】图标，在弹出的菜单中选择【矩形】命令，在幻灯片中插入一个矩形。

2 根据切割需要，重复步骤1的操作，插入相应数量的矩形，并调整好矩形与文字的位置。

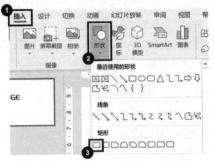

2. 使用【合并形状】切割文字

1 按住【Ctrl】键，首先单击选择文字所在文本框，然后选择所有矩形。

2 在【形状格式】选项卡的功能区中单击【合并形状】图标，在弹出的菜单中选择【拆分】命令。这样便把文字拆分成多个形状。

3 按住【Ctrl】键选中所有多余的形状，按【Delete】键删除。

4 移动文字的不同部分，或者为它们添加不同的填充效果，炫酷的切割字效果就制作完成了。

08 如何将文字三维旋转铺在道路上？

将文字三维旋转后摆放在道路上，空间感立刻就出来了，这样的文字展示效果与图片结合得更加自然。如何对文字进行这样的三维旋转呢？

1 单击选中文本所在的文本框，在【形状格式】选项卡的功能区中单击【文本效果】图标，在弹出的菜单中选择【转换】-【梯形：正】命令。

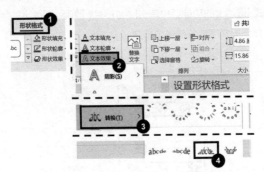

2 拖曳"调整手柄"（淡黄色控点），改变文字的倾斜角度。

3 根据道路形状，进一步调整文字的大小、位置和倾斜角度，便可以实现把文字铺在道路上的效果。

这里主要用到了【文本效果】中【转换】效果中的一种。转换效果还有很多，搭配不同的应用场景可以做出更多好看的设计，大家多多尝试。

09 如何在 PPT 中做滚动字幕？

利用滚动字幕效果可以在播放音乐时显示歌词，或者展示项目的团队分工等。这种滚动字幕效果只需要简单几步就可以设计出来。

1 选中字幕所在的文本框，在【动画】选项卡的功能区中单击【添加动画】图标，在弹出的菜单中选择【其他动作路径】命令。

2 在弹出的【添加动作路径】对话框中，选择【向上】选项。

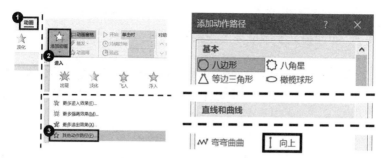

3 完成上一步设置后，文本框上将出现两个圆圈，其中绿色圆圈代表动画的起始位置，红色圆圈代表动画的结束位置。选中对应圆圈，通过调节圆圈的位置来改变动画的始末位置。

4 选中文本框，在【动画】选项卡功能区的【持续时间】输入框中使用上下按钮或手动调整时间。

5 在【动画】选项卡的功能区中单击【动画】组右下角的扩展按钮。

6 在弹出的【向上】对话框中，拖曳【平滑开始】和【平滑结束】的滑块，可以调节动画平滑度。如果希望字幕匀速滚动，将【平滑开始】和【平滑结束】时间均设置为"0"。最后单击【确定】按钮。

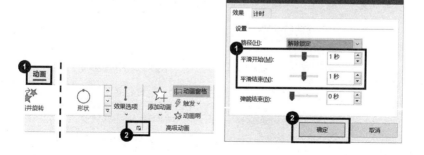

10 如何将文字做成环形效果?

在制作环形逻辑图时,逻辑图中的文字如果直接摆放,会显得非常生硬,可以尝试制作环形效果的文字,更加贴合逻辑表达。这样的效果该怎么制作呢?

一般布局　　　　　　环形布局

1 选中文本所在的文本框,在【形状格式】选项卡的功能区中单击【文本效果】图标,在弹出的菜单中选择【转换】-【拱形】。此处需要注意,对于下半圆的文字,此处选择【拱形:下】。

2 在【形状格式】选项卡的功能区中,设置【大小】中的"长和宽"一致,如均设置为"5厘米"。

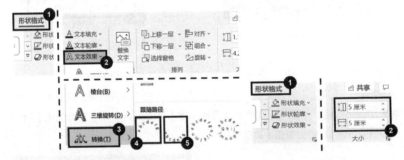

3 转动文本框的"旋转手柄",将文字旋转至与环形相适应的位置。

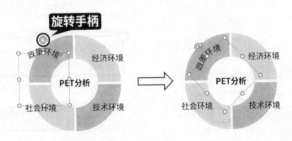

11 如何制作综艺款立体文字?

在很多综艺节目中，比较常用的设计是通过对文字进行立体化旋转，构建一个三维空间。如何制作这种立体文字效果呢?

1 右键单击第一个文本框，在弹出的菜单中选择【设置形状格式】命令。

2 在【设置形状格式】对话框中，单击【形状选项】-【效果】图标。

3 在【三维旋转】面板中，单击【预设】按钮，在弹出菜单中选择【角度】组中的【透视：前】命令。

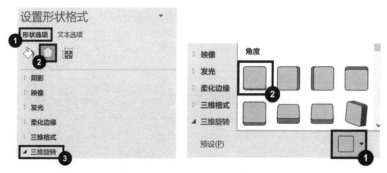

4 设置【三维旋转】中的参数如下图所示。第一组文本的立体效果设置完成。

5 对于第二组文本，重复步骤1到步骤4的操作，在步骤4中设置【三维旋转】中的参数如下图所示。

6 第三个文本框设置在底层，重复步骤1到步骤4的操作，在步骤4中设置【三维旋转】中的参数如下图所示。

完成以上步骤后，移动几个文本框的位置，调整文字大小，空间感超强的文字效果就制作完成了。

12 如何巧用视频做出动态文字?

将视频嵌入文字中，可以实现动态文字的设计，达到动静结合的目的。具体操作如下。

1 在【插入】选项卡的功能区中单击【形状】图标，在弹出的菜单中选择【矩形】命令，在幻灯片中插入一个默认矩形。

② 选中插入的矩形，在【形状格式】选项卡的功能区中单击【形状填充】图标，在弹出的菜单中选择【黑色】。

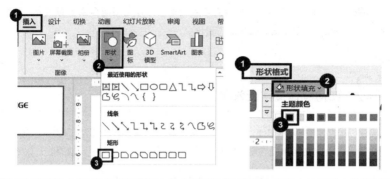

③ 在【形状格式】选项卡的功能区中单击【形状轮廓】图标，在弹出的菜单中选择【无轮廓】命令。

④ 按住【Ctrl】键，然后依次单击选择矩形和文字；在【形状格式】选项卡的功能区中单击【合并形状】图标，在弹出的菜单中选择【剪除】命令。

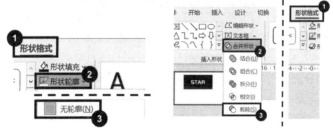

⑤ 在【插入】选项卡的功能区中单击【视频】图标，在弹出的菜单中选择【PC上的视频】命令，在弹出的【插入视频】对话框中选中视频，单击【插入】按钮完成视频插入。

⑥ 选中插入的视频，在【播放】选项卡的功能区中，设置【开始】为【自动】，并选择【循环播放，直到停止】选项。

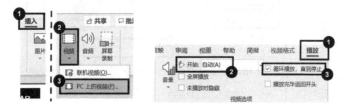

7 右键单击插入的视频，在弹出的菜单中选择【置于底层】命令。动态文字效果就制作完成了。

用视频做背景，并加上矩形作为蒙版遮罩，可以做出动态文字的效果。运用这一设计思路，还可以实现很多动态设计。

13 如何制作文字云效果？

文字云效果可以运用在许多场合，既可以展示信息的数量多，也可以通过调整文字云内容的对比来凸显重点信息。如何在 PPT 中制作文字云效果呢？

1 用 PPT 制作文字云需要使用"PA 口袋动画"插件。首先，通过百度网搜索并下载 "PA 口袋动画"插件，然后进行安装。

2 在【口袋动画 PA】选项卡的功能区中单击【文字云】图标，在弹出的菜单中选择【文字云】命令。

3 在【文字云】对话框的【云形状】选项卡中选择一种文字云的形状，或通过【自定义形状】上传图片或形状。

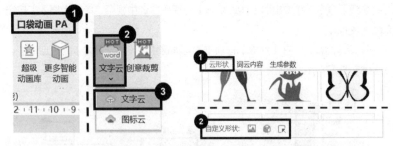

4 在【词云内容】选项卡中依次输入文字云中的文案，并确定各个文案的强调次数。也可以通过单击【TXT 文件】按钮直接导入文案内容。

⑤ 在【生成参数】选项卡中，可以设置文案内容是否重复、是否设置旋转角度、文字云动画选项、文字的字体字号、文字云的配色等属性。

⑥ 完成以上设置后，可以单击对话框左边的【单击刷新预览图】按钮查看文字云的预览效果。设计完成后，可以单击【插入图片】按钮，以图片形式插入文字云，或者单击【可编辑图形】按钮，以分离的文本框形式插入文字云。

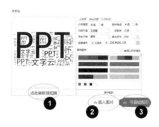

　　炫酷的文字云效果就制作完成了，效果是不是很棒呢？赶紧尝试一下，把文字云运用到 PPT 设计中。

14　如何将人像与字体相结合？

　　文字的设计其实还可以结合图像的内容进行调整，尤其是在具备人像的图片中，可以做出人像与文字相结合的效果。

■1 首先，将文字摆放到合适的位置，让文字与人物之间存在相交的部分。

■2 右键单击第一个文本框，在弹出的菜单中选择【设置形状格式】命令。在【设置形状格式】面板中，选择【文本选项】-【文本填充与沦落】，并设置【文本填充】中的透明度为"50%"。

■3 按住【Ctrl】键，同时鼠标滚轮向前拨动，放大和移动画面至人像与文字相交处。在【插入】选项卡的功能区中单击【形状】图标，在弹出的菜单中选择【任意多边形：形状】。

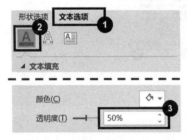

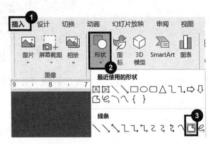

■4 沿着人像边缘单击绘制出一个任意多边形，覆盖住人物与文字的相交部分。

■5 按住【Ctrl】键，然后依次单击选中文字和任意多边形，在【形状格式】选项卡的功能区中单击【合并形状】图标，在弹出的菜单中选择【剪除】命令。

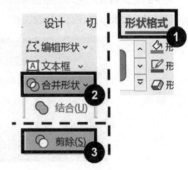

6 右键单击文本(此时已经变为一个形状),在弹出的菜单中选择【设置形状格式 】命令,在【设置形状格式 】面板中,单击【形状选项 】,在【填充 】组中选择【纯色填充 】选项,将【透明度 】设置为"0%"。

通过以上操作,人像与文字相结合的效果就制作完成了。

3.2 PPT 的炫酷动画特效

本节主要涉及 PPT 动画的制作技巧,读者学会并利用本节介绍的各种技巧,在今后的 PPT 展示中,能轻松成为全场的焦点。

01 PPT 中如何做出烟花动画?

我们常感叹烟花的华丽绚烂,那么如何用 PPT 动画制作烟花绽放的效果呢?
1 找一张夜空的图片当作背景图,使用【插入 】-【形状 】-【椭圆 】命令,在背景图上插入几个圆形。

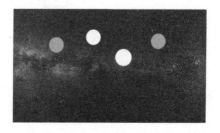

2 选中其中一个圆形，在【动画】选项卡的功能区中单击【添加动画】图标，在弹出的菜单中选择【飞入】命令，设置【持续时间】为"00.25"。

3 在【动画】选项卡的功能区中单击【添加动画】图标，在弹出的菜单中选择【放大/缩小】命令，单击【动画窗格】。

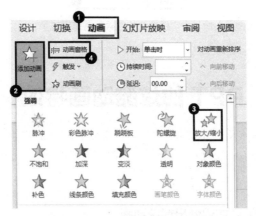

4 双击【动画窗格】中的第二个动画。

5 在弹出的【放大/缩小】对话框中选择【效果】选项卡，在【尺寸】下拉列表中选择【自定义】选项，将数值设置为"150%"。

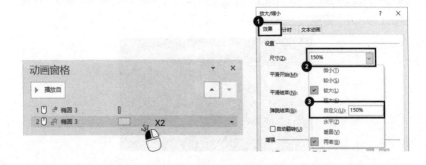

6 切换到【计时】选项卡,设置【开始】为【与上一动画同时】,设置【期间】为 "1.25 秒"。

7 再添加一个动画,选择【更多退出效果】-【向外溶解】。

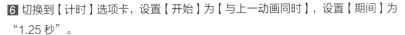

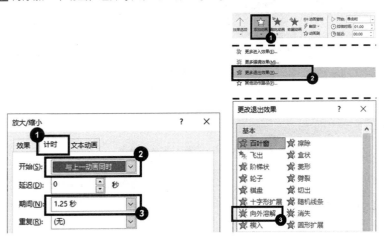

8 在【动画】选项卡的功能区中将【开始】设置为【与上一动画同时】,【持续时间】设置为 "01.25",【延迟】设置为 "00.25"。

9 选中刚设置好动画的圆形,在【动画】选项卡的功能区中双击【动画刷】图标,给其他的圆形都复制动画属性,然后每组动画的【开始】都设置为【上一动画之后】,播放一下,烟花效果制作完成。

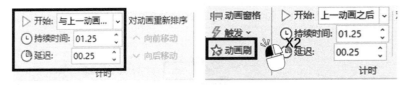

02 PPT 中如何做出卷轴动画?

卷轴从中间徐徐展开,呈现出一幅水墨山水画,这样的动画效果是不是非常有中国风的韵味呢?卷轴动画用 PPT 制作非常简单!

1 首先在 PPT 中插入找好的卷轴素材,选中纸张和文字,在【动画】选项卡的功能区中单击【劈裂】图标。

2 在【动画】选项卡的功能区中单击【效果选项】图标，在弹出的菜单中选择【中央向左右展开】，将【开始】时间设置为【与上一动画同时】，将【持续时间】设置为"05.00"。

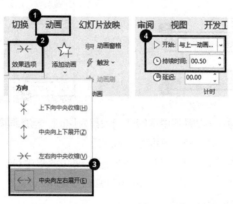

3 单独选中文本框，在【动画】选项卡的功能区中设置【延迟】为"00.50"。

4 选中位于左侧的卷轴，在【动画】选项卡的功能区中，单击【添加动画】图标，在弹出的菜单中选择【直线】命令。

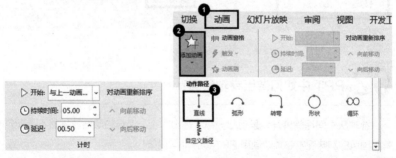

5 在【动画】选项卡的功能区中单击【效果选择】图标，在弹出的菜单中选择【靠左】命令，并将路径的终点设置为纸张的最左侧。

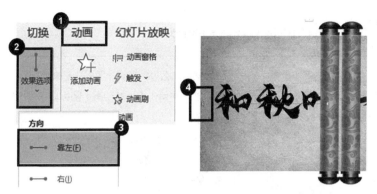

6 选中右侧卷轴，在【动画】选项卡的功能区中单击【效果选择】图标，在弹出的菜单中选择【右】命令，并将路径的终点设置为纸张的最右侧。

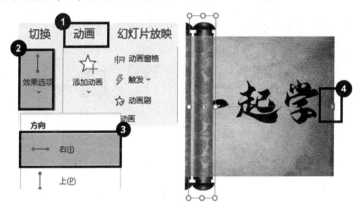

7 同时选中左右两个卷轴，在【动画】选项卡的功能区中，将【开始】设置为【与上一动画同时】，【持续时间】设置为"05.00"。

8 在【动画】选项卡的功能区中单击【预览】图标，就可以看到卷轴从中间徐徐展开了！

03 PPT 中如何制作动态图表？

PPT 中的图表数据千篇一律，太枯燥怎么办？那就让图表动起来吧！

1 选中图表，在【动画】选项卡的功能区中单击【添加动画】图标，在弹出的菜单中选择【进入】组中的【擦除】命令。

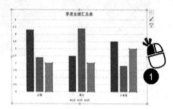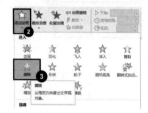

2 在【动画】选项卡的功能区中单击【效果选项】图标，在弹出的菜单中选择【按系列中的元素】命令。

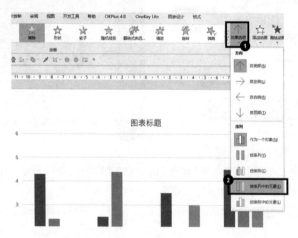

04 如何用 PPT 做动态相册？

公司团建或家庭出游，都会拍非常多的照片，想让照片完美地展示，不如做个动态相册！使用 PPT 简单几步就可搞定！

1 从左到右排列照片后全选，按快捷键【Ctrl+G】将其组合起来。

2 在【动画】选项卡的功能区中，单击【添加动画】图标，在弹出的菜单中选择【直线】路径。

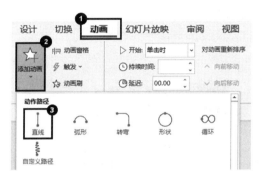

3 在功能区中单击【动画效果】图标，在弹出的菜单中选择【右】命令，并拖曳路径终点到最后一张照片播放结束位置。

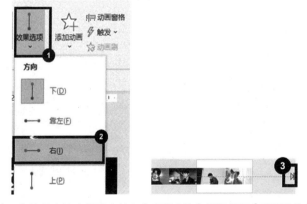

4 在【动画】选项卡的功能区中单击【动画窗格】图标打开【动画窗格】。双击设置的路径动画。

5 在弹出的【向右】对话框的【效果】选项卡中将【平滑开始】和【平滑结束】均设置为"0 秒"。

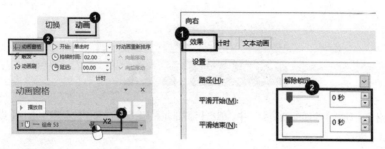

⑥ 在【插入】选项卡的功能区中单击【形状】图标，在弹出的菜单中选择【椭圆】
命令，在幻灯片上方和下方分别插入一个椭圆。

⑦ 右键单击椭圆，在弹出的菜单中选择【设置形状格式】命令，在【填充与轮廓】
组中将【颜色】改为与背景相同的颜色，将【线条】设为【无线条】。

⑧ 在【效果】组中分别为上方椭圆添加【偏移：下】的阴影，下方椭圆添加【偏移：
上】的阴影。

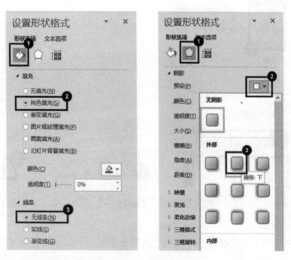

通过以上操作，一份动态展示的相册就做好了。

05 如何在 PPT 中实现闪电效果？

闪电动画极具视觉冲击力，那在 PPT 中如何实现闪电动画效果呢？

1 右键单击幻灯片，在弹出的菜单中选择【设置背景格式】命令。

2 在【设置背景格式】面板中，在【填充】组中选择【纯色填充】组选项，并修改【颜色】为【黑色】。

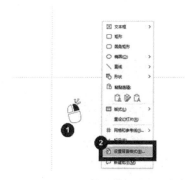 

3 插入准备好的闪电图片素材，按快捷键【Ctrl+D】将其复制一份。

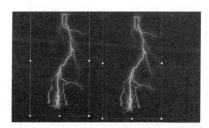

4 选中复制的图片，在【图片格式】选项卡的功能区中单击【旋转】图标，在弹出的菜单中选择【水平翻转】命令。再将其水平翻转一次，并将其移动到合适的位置。

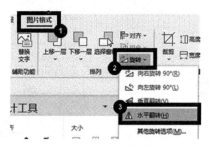

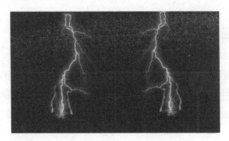

5 右键单击最上层的图片，在弹出的菜单中选择【置于底层】-【下移一层】命令，按照前几步的方法调整插入的所有图片的位置和层次关系。

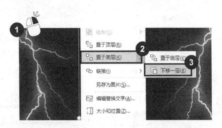

6 最上层的图片需要添加两个动画:【出现】和【闪烁】。先选中最上层的闪电图片，在【动画】选项卡的功能区中单击【出现】图标，为图片添加【出现】动画。

7 在功能区中单击【添加动画】图标，在弹出的菜单中选择【更多强调效果】命令。

8 在弹出的【添加强调效果】对话框中选中【闪烁】选项，并单击【确定】按钮，为图片添加【闪烁】动画。

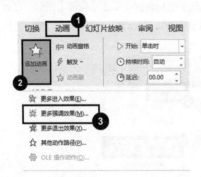

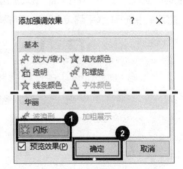

⑨ 继续设置【闪烁】动画的动画时间，在【动画】选项卡的功能区中单击【动画窗格】图标，在【动画窗格】面板中选中闪烁动画，在【计时】组中将【开始】设置为【上一动画之后】，【持续时间】设置为"00.50"。这样，第一张图片的动画就设置好了。

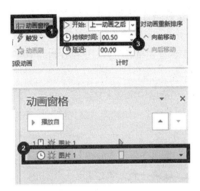

⑩ 选中步骤❸复制的闪电图片，在【动画】选项卡的功能区中选择【淡化】图标，为图片添加【淡化】动画。

⑪ 调整【淡出动画】的动画时间，在【动画】选项卡的功能区中，将【淡化】动画的【开始】设置为【上一动画之后】，【持续时间】设置为"00.50"。

 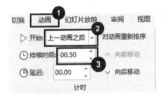

⑫ 重复步骤❼~❽的操作为图片添加【闪烁】动画。

⑬ 在【动画窗格】面板中双击新添加的【闪烁】动画。

⑭ 在弹出的【闪烁】对话框的【计时】选项卡里将【开始】设置为【上一动画之后】，【期间】设置为"0.25 秒"，【重复】设置为"2"，第二张图片的动画就设置好了。

 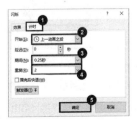

15 重复步骤**10**~**14**的操作，给每一张闪电图片添加一个进入和一个闪烁动画，闪电效果就制作完成了！

06 怎样在封面中做出华丽的聚光灯动画？

想不想让你的 PPT 封面更有吸引力？直接在封面中做个聚光灯动画，让观者目不转睛！

1 在【插入】选项卡的功能区中单击【文本框】图标，单击幻灯片页面，插入一个空白文本框，在其中输入文字，如输入"聚光灯"，修改字体、字号等参数后，效果如下。

2 在【插入】选项卡的功能区中单击【形状】图标，在弹出的菜单中选择【椭圆】命令，按住【Shift】键，在第一个文字上画出一个圆形。

3 在【形状格式】选项卡的功能区中单击【形状填充】图标，设置【主题颜色】为【白色 背景 1】命令；单击【形状轮廓】图标，设置【填充】为【无轮廓】，最后单击【下移一层】图标，选择【置于底层】命令。

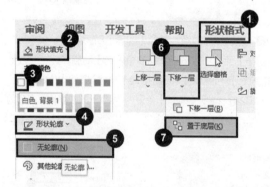

4 右键单击幻灯片画布，在弹出的菜单中选择【设置背景格式】命令，在弹出的【设置背景格式】面板中修改填充颜色为【黑色，文字 1】。

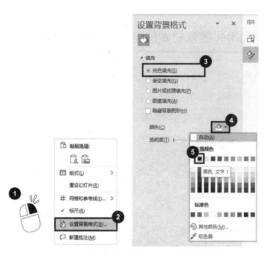

5 选中白色圆形，在【动画】选项卡的功能区中单击【添加动画】图标，在弹出的菜单中选择【直线】命令，为圆形添加【直线】路径动画。

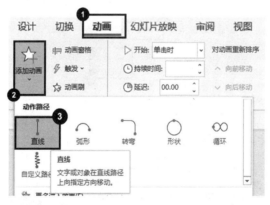

6 将动画路径终点设置到末尾文字处，聚光灯动画就做好了。

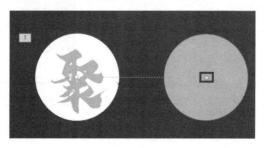

07 如何利用光效素材做出高端大气的画面?

还在为自己的 PPT 没有科技感而烦恼吗?只要添加一个光效素材和 3 个简单的动画效果就能让 PPT 瞬间充满科技感。

1 添加一个光效素材,将光效素材放置在文字的左下方。

2 选择光效素材,在【动画】选项卡的功能区中单击【淡化】图标,为光效素材添加一个【淡化】进入动画。

3 在【动画】选项卡的功能区中单击【添加动画】图标,在弹出的菜单中选择【直线】命令,为光效添加【直线】路径动画。

4 在【动画】选项卡的功能区中单击【效果选项】图标,在弹出的菜单中选择【右】命令。

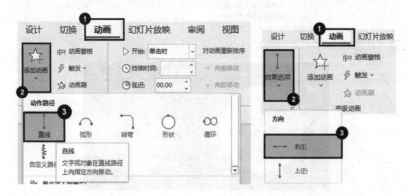

5 通过拖曳直线动作路径的控点，调整路径的长度与文字长度相当。

6 单击【动画】选项卡功能区中的【添加动画】图标，在弹出的菜单中选择【退出】组中的【淡化】命令，为光效素材添加一个【淡化】退出动画。

7 单击【动画】选项卡功能区中的【动画窗格】图标，在【动画窗格】面板中，选中 3 个动画效果。

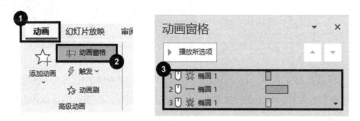

8 在【动画】选项卡的功能区中设置【开始】为【单击时】，【延迟】为【上一动画之后】，即可完成动画设置。

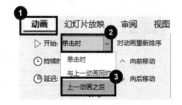

08 在 PPT 中如何做出视频弹幕效果?

平时在视频网站上看电影,弹幕比剧情都精彩,那么 PPT 中可以做出弹幕效果吗?

1 将各个弹幕文本框放入幻灯片左边的外侧。

2 框选所有弹幕文本框,在【动画】选项卡的功能区中单击【飞入】图标,为文本框设置【飞入】动画效果,并单击【效果选项】图标,在弹出的菜单中选择【自右侧】命令。

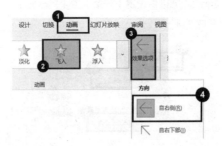

③ 在【动画】选项卡的功能区中单击【动画窗格】图标，打开【动画窗格】面板，选中动画后为其统一设置【开始】为【与上一动画同时】。

④ 在【动画窗格】面板中分别选中动画，为其设置不同长短的【持续时间】和【延迟】时间，如其中一个【持续时间】为"05.00"，【延迟】为"01.00"，另一个设置【持续时间】为"03.00"，【延迟】为"01.50"，设置完后放映幻灯片，弹幕效果就做好了！

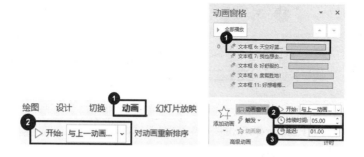

09 怎样做出吸引全场的开幕和揭幕动画？

　　活动用 PPT 想做个开幕动画，新品上市用 PPT 想做个华丽的揭幕动画，不会 After Effects 怎么办？没关系，用 PPT 几步就可以实现！

① 在【缩略图】面板中的封面幻灯片缩略图上方，右键单击，在弹出的菜单中选择【新建幻灯片】命令，新建一页幻灯片。

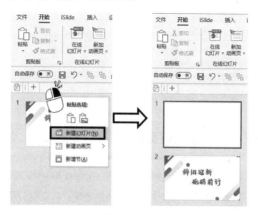

2 右键单击新建的空白幻灯片,在弹出的菜单中选择【设置背景格式】命令,在右侧弹出的【设置背景格式】面板中选择【填充】组中的【纯色填充】选项,设置填充【颜色】为【红色】。

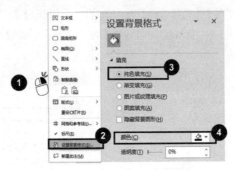

3 切换到封面页幻灯片,在【切换】选项卡的功能区中单击【切换到此幻灯片】组中的【其他】按钮,在弹出的菜单中选择【帘式】命令(如果是揭幕动画,切换方式选择【上拉帷幕】)。

设置完成后,软件会自动进行切换效果预览,开幕动画就做完了。

10 PPT 中如何实现翻页效果?

千篇一律的 PPT 切换效果是不是太普通?但即使用 PPT 自带的切换效果,加一点细节性的修改,也可以做出书籍翻页般的效果,非常有创意!

1 首先，划分出书籍左右两页的布局。在空白幻灯片【视图】选项卡的功能区中选择【参考线】选项，将页面参考线调出来。

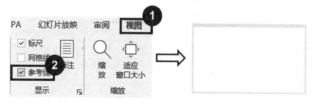

2 其次，还需要模拟出书籍相邻两页间的阴影部分。在【插入】选项卡的功能区中单击【形状】图标，在弹出的菜单中选择【矩形】命令，在垂直参考线左边插入一个矩形。右键单击矩形，在弹出的菜单中选择【设置形状格式】命令。

3 在【设置形状格式】面板的【形状选项】选项卡中，在【填充】组选择【渐变填充】选项，两个渐变光圈的【颜色】都设置为【灰色】。

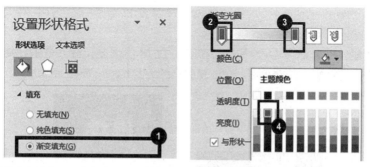

4 将【角度】设置为"0°"，两个渐变光圈的【透明度】分别设置为"100%"和"60%"。

5 在【线条】组中选择【无线条】选项。

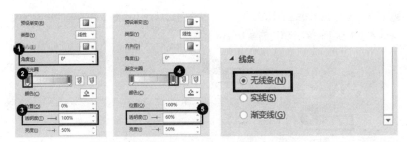

6 最后，添加上翻页动画效果。复制这个矩形到做好的幻灯片中，给每页幻灯片设置切换动画，在【切换】选项卡中单击【页面卷曲】图标，按【F5】键全屏播放，书籍翻页效果就制作完成了！

11 页面碎裂效果如何实现？

想做出碎裂的页面效果，不会 Photoshop 怎么办？教你一招，用 PPT 就可以做出页面碎裂的效果。

1 准备好想要实现碎裂效果的幻灯片页面，在左侧【缩略图】面板中幻灯片缩略图下方，右键单击，在弹出的菜单中选择【新建幻灯片】命令，新建一页幻灯片。

2 选中新建的幻灯片，在【切换】选项卡的功能区中单击【切换到此页面】组右侧的【其他】按钮，在弹出的菜单中选择【折断】命令，为幻灯片添加【折断】切换效果。

3 在【切换】选项卡的功能区中，修改【持续时间】为"20.00"。

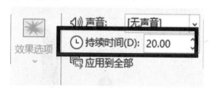

4 按【F5】键重头开始播放幻灯片，当出现想要的碎裂效果时，利用截图软件将画面截图，再保存为图片，页面碎裂的效果就做出来了！

12 如何在 PPT 中做出 3D 动画效果？

产品展示 PPT，平面产品图已经满足不了需求，何不做个 3D 立体效果的 PPT 呢？

1 首先打开百度网搜索 "free3D.com" 网站，选择自己想要的 3D 素材下载下来。

Microsoft PowerPoint 软件支持 FBX、3MF、OBJ、STL 等格式的 3D 模型。

2 在【插入】选项卡的功能区中单击【3D 模型】图标，在弹出的【插入 3D 模型】对话框中选择文件，单击【插入】按钮将模型插入 PPT 中。

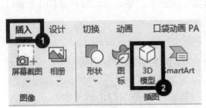 

在 PPT 中，我们可以随意拖曳素材的角度，这样就相当于拥有了多个 3D 模型素材。

3 在【幻灯片缩略图】面板中选中幻灯片，按快捷键【Ctrl+D】将其快速复制多页，在每一页将 3D 模型调整不同的角度，位置也可以变换。

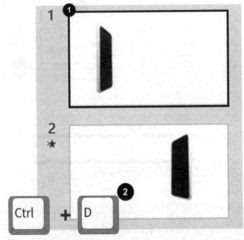

4 在【切换】选项卡的功能区中单击【平滑】图标，然后单击右侧的【应用到全部】图标，此时高级的 3D 动画就做好了。

3D 动态目录在 PPT 中如何实现？

　　是不是你做出的目录页总被人嫌弃，没有创意？那就做一个 3D 动态的目录页吧，绝对赢得他人欢心！

1 准备一页目录页幻灯片。

2 选中第一排文字，右键单击，在弹出的菜单中选择【设置形状格式】命令，在窗口右侧打开【设置形状格式】面板。

3 在【设置形状格式】面板中，单击【文本选项】-【效果】，在【三维旋转】组中，修改【预设】为【透视：前】，将【Y 旋转】的参数设置为 "300°"。

4 重复上一步操作，为其他的文本框设置三维效果，不同文本框中的【Y 旋转】参数设置如下左图所示。

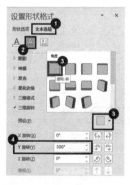

5 调整字体的大小和颜色，使用快捷键【Ctrl+D】将这页幻灯片复制、粘贴，得到与目录数相同的页数，修改对应的目录信息。

6 在左侧【幻灯片缩略图】面板中，选中后 4 页幻灯片，在【切换】选项卡的功能区中，单击【平滑】图标，为幻灯片添加【平滑】动画效果，创意 3D 动态目录就做好了！

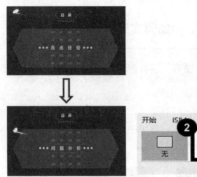

14 如何快速禁用所有 PPT 动画?

在 PPT 中每页设置了很多动画,领导嫌太乱、太花哨,让你去掉所有的动画。页数与动画项目太多,一个个删除太费时间! 别担心,教你快速禁用所有的动画!

■ 在【幻灯片放映】选项卡的功能区中单击【设置幻灯片放映】图标。

■ 在【放映选项】对话框中选择【放映时不加动画】选项,单击【确定】按钮,这样幻灯片在放映时就不会有动画了。

和秋叶一起学 秒懂 PPT

▸▸ 第 4 章 ◂◂
PPT 创意设计

　　想要做出让人过目不忘的创意设计，难点在于如何将创意与场景完美地结合。本章将介绍在不同场景中，用 PPT 打造出兼具创意与实用的动画效果。

4.1 PPT 的创意延伸场景

本节主要涉及 PPT 的创意应用，除了日常汇报外，PPT 还可以延伸至
邀请函、贺卡、简历等设计，甚至抽奖、投票等丰富的场景。

01 PPT 也能做邀请函?

一份漂亮的邀请函能给工作、生活带来很多仪式感，那么如何用 PPT 来制作
一份简洁漂亮的邀请函呢?

1 单击【插入】选项卡中的【文本框】图标，在弹出的菜单中选择【绘制横排文本框】
命令，新建 3 个文本框，分别输入"邀""请""函"3 个字，并选择一个漂亮的字体，
调整文字大小和位置。

2 单击【插入】选项卡功能区中的【文本框】图标，在弹出的菜单中选择【竖排
文本框】命令，输入副标题和英文，并调整文字的字体、字号和位置。

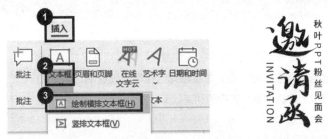

3 全选所有文本框，在【形状格式】选项卡的功能区中单击【合并形状】图标，
在弹出的菜单中选择【结合】命令，这样就可以把所有文本框转换成一个形状。

4 鼠标右键单击形状，在弹出的菜单中选择【设置形状格式】命令。

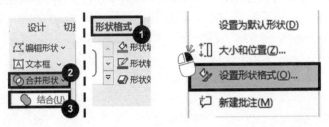

5 在【设置形状格式】面板中，单击【形状选项】-【填充与线条】，在【填充】组中选择【图片或纹理填充】选项，在【图片源】组中单击【插入】按钮。

6 在弹出的对话框中，选择【来自文件】选项，在弹出的【插入图片】对话框中选择提前准备好的金色纹理图片，单击【打开】按钮插入图片。

7 在【设置图片格式】面板中，单击【形状选项】-【效果】，在【阴影】组中单击【预设】按钮，选择【外部】组中的【偏移：中】选项。

8 插入提前准备好的背景图片，右键单击图片，在弹出的菜单中选择【置于底层】命令。再插入邀请函的详细文案，一份邀请函就制作完成了。

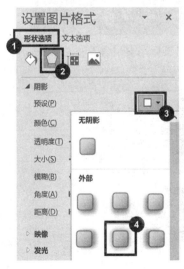 

02 如何用 PPT 做新年贺卡?

　　用 PPT 制作一张专属的新年贺卡,既可以表达真挚的祝福,也可以展示自己的设计能力。那么,如何用 PPT 来设计新年贺卡呢?

1 设置背景颜色为红色。在空白处单击鼠标右键,在弹出的菜单中选择【设置背景格式】命令;在弹出的面板中,选择【纯色填充】选项,在【颜色】组中,选择【标准色 – 深红】。

2 单击【插入】选项卡功能区中的【文本框】图标,在弹出的菜单中选择【绘制横排文本框】命令,新建 4 个文本框,分别输入"新""年""快""乐",选择一个书法字体,并调整文字的大小和位置,设置文字颜色为黄色。

3 在【插入】选项卡的功能区中单击【形状】图标,选择【基本形状】–【弧形】。

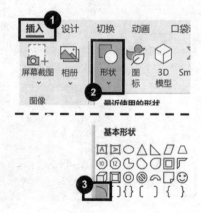

4 按住【Shift】键，拖曳鼠标绘制一个弧形，在【形状格式】选项卡的功能区中，单击【形状轮廓】图标，将轮廓颜色设置为与文字相同的黄色。

5 拖曳弧形的两个"调整手柄"，使弧形两端贴近文字，让弧形半包围文字。

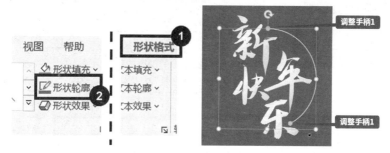

6 重复步骤3~5的操作，新建 3 个弧形，将文字全部包围。

7 在圆圈空白处添加祥云素材，丰富标题的层次感。最后再选择一张好看的背景图片，并完善祝福文案。

03 如何用 PPT 做求职简历?

PPT 作为一种设计工具，也可以用来设计制作求职简历。一份简历主要包括个人基础信息部分和履历部分，我们来看看如何用 PPT 设计求职简历吧!

1 首先修改幻灯片大小。在【设计】选项卡的功能区中，单击【幻灯片大小】图标，在弹出的菜单中选择【自定义幻灯片大小】命令。

2 在弹出的对话框中，将幻灯片大小设置为【A4 纸张（210×297 毫米）】，在【方向】组中选择【纵向】选项，单击【确定】按钮。

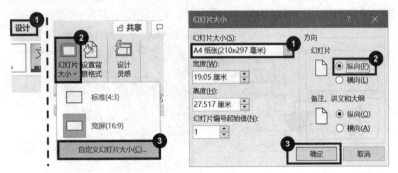

3 在弹出的对话框中，单击【最大化】按钮。

4 在【插入】选项卡的功能区中，单击【形状】图标，选择【矩形】命令，绘制一个矩形。

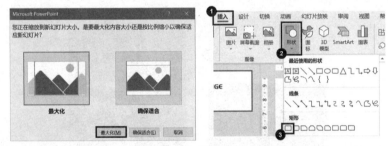

5 调整矩形与页面等高，宽度约为页面长度的 1/3。

6 选中矩形后，在【形状格式】选项卡的功能区中，单击【形状填充】图标，在弹出的面板中选择一种颜色进行填充。

7 在【形状格式】选项卡的功能区中，单击【形状轮廓】图标，选择【无轮廓】命令。

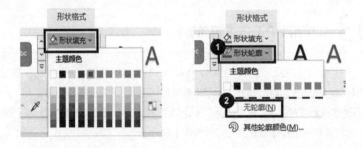

⑧ 在【插入】选项卡的功能区中，单击【形状】图标，选择【箭头：五边形】命令。

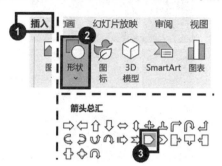

⑨ 按快捷键【Ctrl+C】和【Ctrl+V】，进行复制、粘贴，多复制几个箭头，并根据步骤⑥设置箭头填充和轮廓属性，把箭头摆放在下图所示相应位置。

⑩ 在左边矩形区域内，添加个人介绍文本信息，如姓名、基础信息、教育背景等。在箭头内添加小标题，如求职意向、学习经历、实习经历、自我评价等，一份简洁的简历模板就制作完成了。

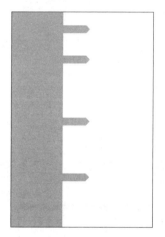

04 如何用 PPT 做朋友圈创意九宫格？

在朋友圈发照片时，九宫格排版是非常流行的方式。那么如何用 PPT 制作朋友圈的创意九宫格呢？

1 在【插入】选项卡的功能区中，单击【形状】图标，选择【矩形】命令。

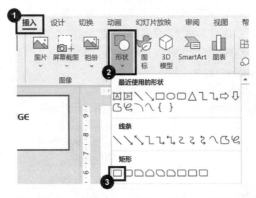

2 按住【Shift】键拖曳鼠标，绘制一个正方形，正方形大小约为图片的 1/9 即可。将正方形放置在图片左上角。

3 按住【Ctrl】键，同时将正方形向右拖曳，可快速复制出第 2 个正方形，然后按【F4】键，可以重复上一步操作，复制出第 3 个正方形。

4 选中 3 个正方形，按住【Ctrl】键，将第 1 行正方形向下拖曳，复制出第 2 行
正方形，然后按【F4】键，重复上一步操作，复制出第 3 行正方形。

5 按住【Ctrl】键，先单击选中图片，再框选所有正方形，在【形状格式】选项
卡的功能区中，单击【合并形状】图标，在弹出的菜单中选择【拆分】命令。

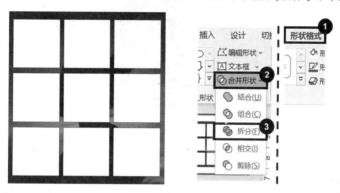

6 拆分后，图片被分为了 9 张小图和一个外框图片。选中外框图片，按【Delete】
键删除，九宫格就制作完成了。依次选择每一张小图，右键单击，在弹出的菜单
中选择【另存为图片】命令即可导出。

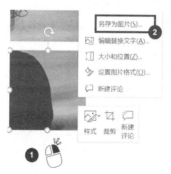

赶紧试试，用 PPT 把照片做成九宫格发朋友圈吧。

05 如何用 PPT 做七夕快闪视频?

七夕节快到时，想不想对自己的男 / 女朋友表白？做个快闪视频吧，保证让
她 / 他既惊喜又感动，而且用 PPT 几步就能搞定！

1️⃣ 单击【插入】选项卡中的【文本框】图标，输入想要表白的文字，在每页幻灯片放一个词，并设置不同的文字大小。

2️⃣ 选中任意一页幻灯片，按快捷键【Ctrl+A】全选所有幻灯片，在【切换】选项卡的功能区中，将【设置自动换片时间】设置为"00:00.30"（即 0.3 秒）。

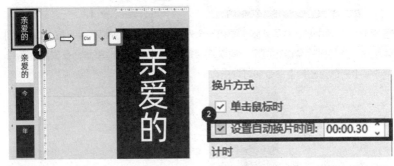

3️⃣ 在【插入】选项卡的功能区中选择【音频】-【PC 上的音频】命令，插入准备好的音频。

4️⃣ 选中小喇叭图标，在【播放】选项卡功能区的【音频选项】组中设置【开始】为【自动】，并选择【跨幻灯片播放】和【放映时隐藏】两个复选项。

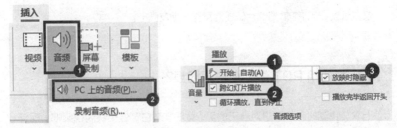

5️⃣ 单击【文件】选项卡，在弹出的菜单中选择【导出】-【创建视频】命令。

6 选择视频清晰度为【全高清（1080p）】，然后单击【创建视频】按钮，视频就做好了，赶紧看看是不是和视频软件做的快闪视频有一样的效果！

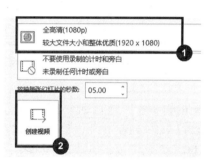

06 PPT 如何实现动态倒计时？

还在为年会倒计时视频因为不会视频编辑软件而发愁吗？别难为自己了，用PPT 就能做出超豪华的动态倒计时效果！

1 在【插入】选项卡的功能区中，单击【图片】图标，插入一张适合年会的背景图片，再单击【文本框】图标，输入数字"5"。

2 右键单击文本框，在弹出的菜单中选择【设置形状格式】命令。

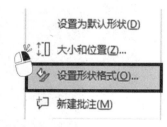

3 在弹出的【设置形状格式】面板中，单击【文本选项】-【图片或纹理填充】-【插入】按钮，导入准备好的金箔纹理图，文字瞬间金光闪闪。

4 选中文本框，在【动画】选项卡的功能区中，单击【动画】组中的【缩放】图标。

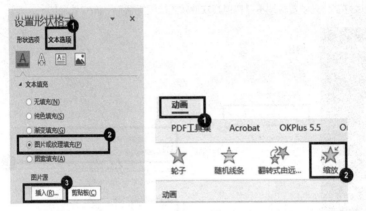

5 设置【缩放】动画的动画时间，在【动画】选项卡的功能区中，将【开始】设置为【与上一动画同时】，【持续时间】设置为"00.25"。

6 在【切换】选项卡的功能区中，选择【设置自动换片时间】选项。

7 选中幻灯片，按快捷键【Ctrl+D】将幻灯片复制 4 次，依次修改数字为"4""3""2""1"，单击【放映】图标，倒计时动画就完成了。

07 如何用 PPT 做抽奖转盘?

抽奖场景很常见,如何用 PPT 制作抽奖转盘呢?

1 在【插入】选项卡的功能区中单击【图表】图标,在弹出的菜单中选择【饼图】命令,插入饼图,调整参数和颜色。

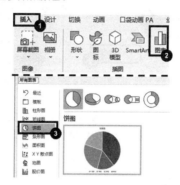

2 选中饼图,单击饼图右上角的【+】图标,将【图表标题】和【图例】复选项取消勾选。

3 右键单击图表,在弹出的菜单中选择【剪切】命令。

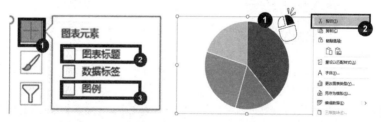

4 在【开始】选项卡的功能区中选择【粘贴】-【选择性粘贴】命令,在弹出的对话框中设置粘贴类型为【图片(增强型图元文件)】。

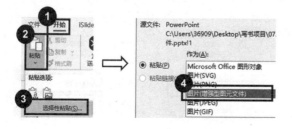

5 右键单击饼图，选择【取消组合】命令两次，选中多余的底版，按【Delete】键删除，在【插入】选项卡的功能区中单击【文本框】图标，插入文本框，并添加奖项名称。

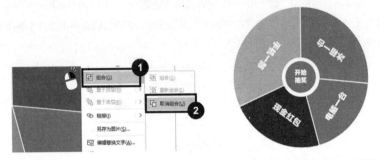

6 按快捷键【Ctrl+A】选中所有内容，按快捷键【Ctrl+G】将其组合为一个整体。

7 选中轮盘，在【动画】选项卡的功能区中单击【陀螺旋】图标。

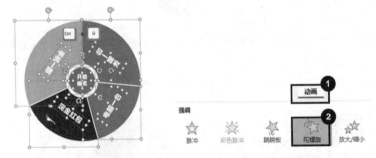

8 在【动画】选项卡的功能区中单击【动画窗格】图标，在对应动画上单击鼠标右键选择【计时】命令。

9 在弹出的对话框中设置【期间】为【快速（1秒）】，【重复】为【直到幻灯片末尾】。

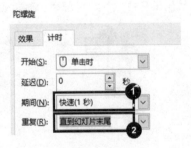

10 最后在【插入】选项卡的功能区中单击【形状】图标，选择【等腰三角形】，添加一个倒三角形为指针，抽奖转盘制作完成。

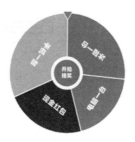

08 如何用 PPT 做关键词抽签动画？

不会编程，又想做一个抽签的小动画怎么办？不用担心，用 PPT 可以实现这样的效果！

1 在【插入】选项卡的功能区中单击【文本框】图标，在每页幻灯片中分别输入相应标签的内容。

2 选中第一页，在【切换】选项卡的功能区中将【持续时间】设为"00.01"，再将【设置自动换片时间】设为"00:00.01"，单击【应用到全部】按钮。

3 在【幻灯片放映】选项卡的功能区中单击【设置幻灯片放映】图标。

4 在弹出的对话框中，选择【循环播放，按 Esc 键终止】复选项，单击【确定】按钮。

5 最后按【F5】键进行播放，按数字【1】键就会暂停播放，按【Space】键则会继续播放，关键词抽签的小动画就做好了。

09 如何用 PPT 做实时投票交互效果?

公司年终评选"优秀工作者"需要一个投票交互的小程序，预算有限，时间紧该怎么办? 别急，用 PPT 就可以做出这种效果!

1 先将参选人员的头像图片排列好，在【插入】选项卡的功能区中单击【形状】图标，在弹出的菜单中选择【圆角矩形】命令，在每个头像下面复制多个，如下图所示。

"优秀工作者"花落谁家?

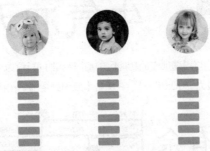

2 选中第一列最下面一个圆角矩形，在【动画】选项卡中单击【出现】图标。

3 双击【动画刷】图标，依次从下往上单击单列的圆角矩形，将所有的圆角矩形都添加上动画，按【Esc】键退出【动画刷】状态。

4 选中其中一位人员头像下面一整列圆角矩形，单击【动画】选项卡中的【触发】图标，在弹出的菜单中选择【通过单击】命令，在下拉列表中选择这位人员头像图片的名称，同理，对其他人员下面的圆角矩形设置【触发】条件为【通过单击】，选择对应人员头像图片的名称。

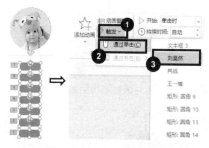

5 按【F5】键进行放映，参评者每获得一票，就单击一下对应的头像，下面的票数就出现一个圆角矩形，实时投票交互效果的小程序就完成了，是不是非常简单？

4.2 PPT 的创意页面设计

本节主要涉及 PPT 的创意页面设计，用简单实用的技巧，做出海报级别的页面设计，足以惊艳全场。

01 如何用 PPT 做出有文艺感的意境图?

很多同学想到好看的图片，第一时间就会想到 Photoshop，实际上，PPT 也能做出文艺感的意境图。学会这个小技巧，配图瞬间就高端大气!

1 在【插入】选项卡的功能区中单击【形状】图标，选择【圆角矩形】命令。

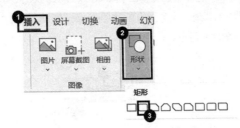

2 按住鼠标左键拖曳圆角的控点，调整圆角至最大，并旋转角度。

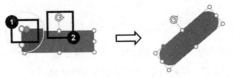

3 多次按快捷键【Ctrl+C】和【Ctrl+V】批量复制圆角矩形，并调整部分圆角矩形的位置和大小，全选所有内容后，按快捷键【Ctrl+G】进行组合。

4 选中组合后的形状，右键单击形状，在弹出的菜单中选择【设置形状格式】命令。

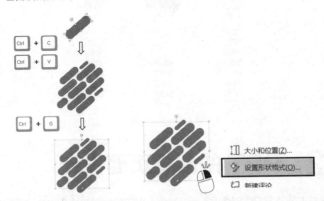

5 在【设置图片格式】面板中选择【填充】-【图片或纹理填充】选项，单击【插入】按钮。

6 在弹出的对话框中选择【来自文件】选项，打开资源管理器窗口，找到需要的图片插入。

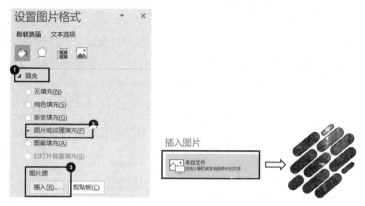

7 选中组合后的形状，在【形状格式】选项卡的功能区中，单击【形状轮廓】-【无轮廓】选项，去掉形状的边框。

8 在【插入】选项卡的功能区中单击【文本框】图标，在空白处添加文本框，输入文艺的诗词或句子，调整文字的字体和颜色，得到一张文艺感的意境图。

02 如何做出立体的图片排版效果？

在做 PPT 时，我们经常会遇到一行需要放多张图片的情况，如果全部缩小的话，会导致上下留白太多。这时，可以通过"立体排版"的方式，在解决留白太多问题的同时做出空间感满满的页面！

1 选中左侧的图片，单击鼠标右键，在弹出的菜单中选择【设置图片格式】命令，打开【设置图片格式】面板。

2 在【设置图片格式】面板中选择【三维旋转】组，在【预设】下拉列表选择【角度】组中的【透视：右】选项。

3 把【透视】参数调整为"75°"，得到向右倾斜的图片。

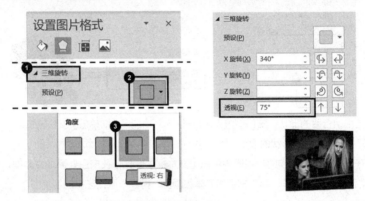

4 选择右侧的图片，重复步骤1和步骤2的操作，选择【透视：左】选项，重复步骤3的操作，得到向左倾斜的图片。

5 调整 3 张图片的大小，得到立体的图片排版效果，再在【插入】选项卡的功能区中单击【文本框】图标，插入文字，设置图片边框和背景等细节，一张空间感满满的页面就设计完成了。

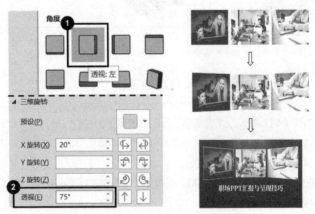

03 PPT 中如何做出图片双重曝光的效果？

如果不会使用 Photoshop，怎么做出具有高级感的双重曝光效果？实际上，PPT 也一样可以做到。

1. Office 365 版本的示范

1 在 PPT 中插入森林背景图片和已抠图的人物照片，选中人物图片，右键单击图片，在弹出的菜单中选择【设置图片格式】命令。

2 在【设置图片格式】面板中单击【图片】图标，将【图片透明度】数值设为 "65%"（数值可自行调整），即可得到双重曝光效果。

2. 非 Office 365 版本的示范

1 在【插入】选项卡的功能区中，选择【形状】中的【矩形】，插入一个和人物图片大小相同的矩形。

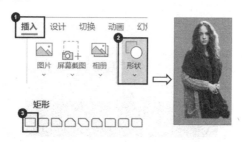

2 选中人物图片，按快捷键【Ctrl+X】进行剪切，右键单击矩形，在弹出的菜单中选择【设置形状格式】命令。

3 在【设置图片格式】面板中单击【填充】-【图片或纹理填充】-【剪贴板】按钮，就能将人物图片填充进矩形中。

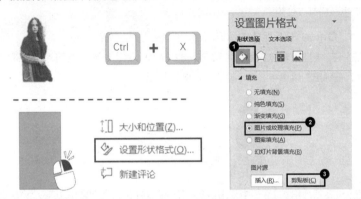

4 将【透明度】数值设为"65%"（数值可自行调整），即可得到双重曝光效果。

5 在幻灯片页面右侧添加文字，调整颜色，即可利用双重曝光效果做出高级感的页面。

04 PPT 中如何做出网红倒影效果？

各大短视频平台最近流行的倒影图片怎么做？用 PPT 就可以轻松搞定，让你分分钟拍出水边倒影效果！

1 单击选中图片，按快捷键【Ctrl+C】【Ctrl+V】进行复制、粘贴，选中复制后的图片，在【图片格式】选项卡的功能区中选择【旋转】-【垂直翻转】命令，把两张图片摆放在一起，即可得到对称的效果。

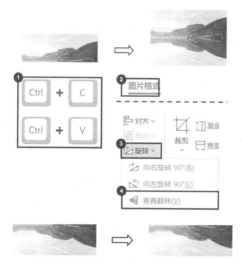

2 选中垂直翻转后的图片，在【图片格式】选项卡的功能区中单击【艺术效果】图标，在下拉列表中选择【玻璃】。

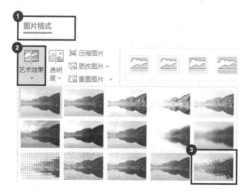

3 将两张图片摆放在一起，并按快捷键【Ctrl+G】进行组合，调整组合后的图片的大小和位置，即可得到倒影效果。

05 如何做出超高点赞量的朋友圈海报?

想要做出能有超高点赞量的朋友圈海报，不会 Photoshop 怎么办? 别怕，PPT 也能帮你全部搞定!

1 在【设计】选项卡的功能区中单击【幻灯片大小】图标，在下拉菜单中选择【自定义幻灯片大小】命令。

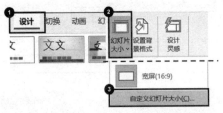

2 在弹出的【幻灯片大小】对话框右侧，在【方向】组中设置【幻灯片】为【纵向】，【备注、讲义和大纲】为【纵向】，即可改变画布方向。

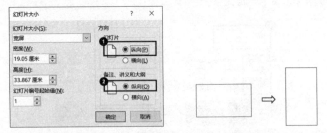

3 单击事先准备好的图片，按快捷键【Ctrl+C】复制，把墨迹形状放大至能覆盖图片（墨迹形状可扫描左侧二维码获取），适当旋转调整位置，单击鼠标右键，在弹出的菜单中选择【设置形状格式】命令。

4 在【设置图片格式】面板中单击【填充】图标，选择【图片或纹理填充】选项，单击【剪贴板】按钮。

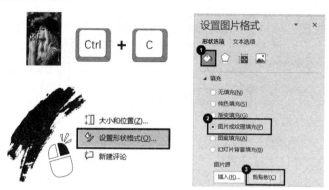

5 在剪贴选项中，取消【与形状一起旋转】选项的选择，即可得到填充后的墨迹图片。

6 在【插入】选项卡的功能区中选择【文本框】-【竖排文本框】命令，在页面右下角添加文字，一张超高颜值的海报就设计完成了。

06 如何用一个字母做出创意墨迹海报？

前面我们介绍了如何做出超高点赞量的朋友圈海报，相信大家都已经跃跃欲试了，但是免费的墨迹素材去哪里下载似乎成了一个难题。实际上，用 PPT 自带的文本框就可以写出墨迹效果、做出创意墨迹海报。

1 改变画布方向为纵向。

2 在【插入】选项卡的功能区中单击【文本框】图标，输入大写字母"I"。

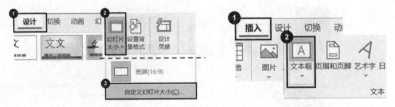

3 修改字体为"Road Rage"，重复单击【增大字号】按钮，把字母调整到合适的大小，得到墨迹笔画。

4 按快捷键【Ctrl+C】复制，多次按快捷键【Ctrl+V】粘贴，调整笔画的位置，得到较粗的墨迹形状。

5 选中墨迹形状，在【形状格式】选项卡的功能区中选择【合并形状】–【结合】命令，得到结合后的墨迹形状。

6 单击事先准备好的图片，按快捷键【Ctrl+C】进行复制，把墨迹形状放大，右键单击图片，在弹出的菜单中选择【设置形状格式】命令。

7 在【设置图片格式】面板中，单击【填充】图标，在【填充】组选择【图片或纹理填充】选项，单击【剪贴板】按钮，即可得到填充后的墨迹图片。

⑧ 在【插入】选项卡的功能区中单击【文本框】图标，在页面左上角添加文字，即可得到创意墨迹海报。

07 如何巧用文本框做出精美封面？

只会用图片素材做 PPT 封面觉得太呆板？巧用文本框，就可以做出高端大气的精美封面。

① 在【插入】选项卡的功能区中单击【文本框】图标，插入文本框，输入多个文字符号"–"，并在【开始】选项卡的功能区中选择一个好看的字体，单击【B】图标进行加粗。

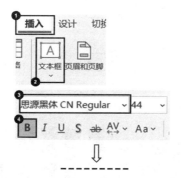

② 选中文本框，在【形状格式】选项卡的功能区中单击【文本效果】图标，在弹出的菜单中选择【弯曲】组中的【腰鼓】命令，即可得到变形后的文本框。

③ 插入事先装备好的图片，按快捷键【Ctrl+C】进行复制，选中变形后的文本框，右键单击文本框，在弹出的菜单中选择【设置形状格式】命令。

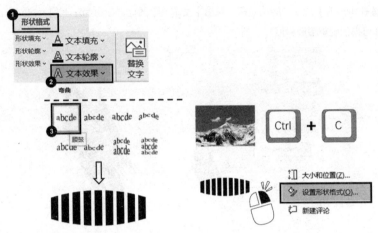

4 在【设置图片格式】面板中，单击【文本选项】-【文本填充】图标，选择【图片或纹理填充】选项，单击【剪贴板】按钮，即可得到填充后的图片。

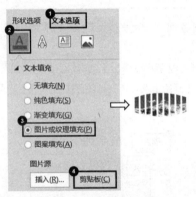

5 将图片放大，适当调整位置，并在【插入】选项卡的功能区中单击【文本框】图标，添加文字，即可得到一张精美的 PPT 封面。

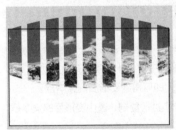

08 如何利用文字拆分做出创意海报?

我们在海报设计中经常会看到把笔画拆分后再二次设计的处理方式,这样的手法能让海报更有高级感。下面介绍在 PPT 中怎样利用文字拆分,做出创意满满的海报。

1 在【插入】选项卡的功能区中单击【文本框】图标,插入文本框,输入文字"赢",选择一个好看的字体,适当调整文字大小。

2 在【插入】选项卡的功能区中单击【形状】图标,在弹出的菜单中选择【矩形】命令,插入一个矩形。

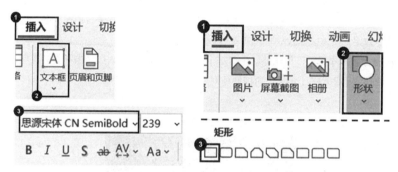

3 同时选中文字和矩形,单击上方的【形状格式】选项卡,选择【合并形状】-【拆分】命令,即可得到拆分后的形状。

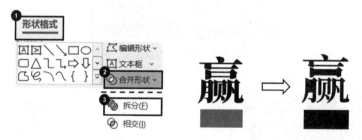

4 选中文字中多余的黑色色块和矩形,按【Delete】键进行删除,得到拆分笔画后的文字形状。

5 调整拆分后的各个文字部位的大小和倾斜角度,在【插入】选项卡的功能区中单击【文本框】图标,输入其余文字和标题修饰并调整版式,一张创意十足的海报就设计完成了。

09 如何利用文字虚化打造高端文字页？

在制作文字内容很多的 PPT 时，可以把文字进行虚化，来打造空间感，提高视觉效果，具体该怎么做呢？快来一起看看吧！

1 在【插入】选项卡的功能区中单击【文本框】图标，输入页面中需要的文字，按快捷键【Ctrl+A】全选，再按快捷键【Ctrl+G】进行组合。

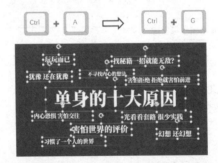

2 按快捷键【Ctrl+C】复制组合后的文字，右键单击，在弹出的菜单中选择【粘贴选项】-【粘贴为图片】命令。

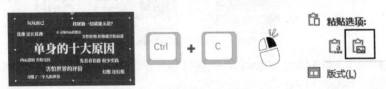

3 选中粘贴后的图片，在【图片格式】选项卡的功能区中，单击【艺术效果】图标，在弹出的菜单中选择【虚化】命令，并在菜单下方选择【艺术效果选项】命令打开右侧面板。

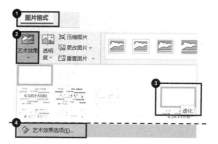

4 在【设置图片格式】面板中，选择【效果】-【艺术效果】命令，将【半径】的数值调整为"30"，得到虚化后的图片。

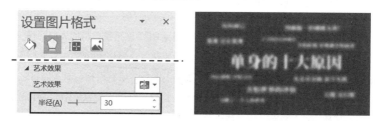

5 选中虚化后的图片，在【图片格式】选项卡的功能区中单击【颜色】图标，在弹出的菜单中选择【重新着色】中的【蓝色，个性色，深色】命令。

6 把处理后的图片复制到未调整文字的初始页面，调整图片的大小和位置，右键单击图片，在弹出的菜单中选择【置于底层】命令，即可得到最终的文字效果。

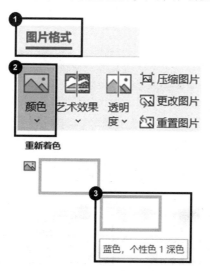

10 如何让表格瞬间变得高端大气?

我们在做PPT时,经常需要插入表格,但是PPT里系统自带的表格都很"丑",无形之中降低了 PPT 的档次。那么怎么进行美化,让表格瞬间变得高端大气呢?

1 在【插入】选项卡的功能区中单击【表格】图标,绘制表格,录入内容之后,单击上方的【表设计】选项卡,单击【底纹】图标,在弹出的菜单中选择【白色,背景1,深色 5%】命令。

2 单击【边框】图标,在弹出的菜单中选择【无框线】命令去除表格的框线。

销售部门 月份	销售A部	销售B部	销售C部	销售D部
第一季度	654625	668572	689224	469724
第二季度	559245	852948	549283	652989
第三季度	962461	982746	698742	782457
第四季度	369872	569823	982763	982431

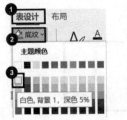 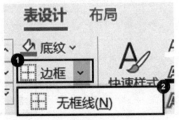

③ 选中所有表格，单击【开始】选项卡，选择一个好看的字体，单击【字体颜色】图标，选择【黑色，文字 1，淡色 25%】命令。

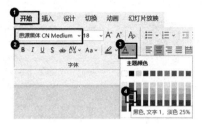

④ 选中首行的文字，单击一次【增大字号】图标放大字号至"20"，选中标题文字，选择一个好看的字体，字号调整为"40"，得到以下页面。

⑤ 选中想要突出的一整列，按快捷键【Ctrl+C】和【Ctrl+V】进行复制、粘贴，并移动到原来那一列的位置。

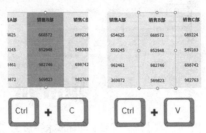

⑥ 选中粘贴后的那一列，在【表设计】选项卡的功能区中单击【底纹】图标，在弹出的菜单中选择【其他填充颜色】命令，打开【颜色】对话框，【红色】【绿色】【蓝色】分别设置为"249""78""79"。

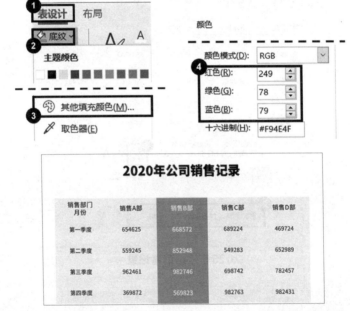

⑦ 选中填充好颜色的一列表格，单击【开始】选项卡，单击一次【增大字号】图标放大字号至"24"，文字颜色调整为"白色"，用鼠标拖曳表格边角放大该列表格。

⑧ 鼠标右键单击该列表格，在弹出的菜单中选择【设置形状格式】命令，打开【设置形状格式】面板。

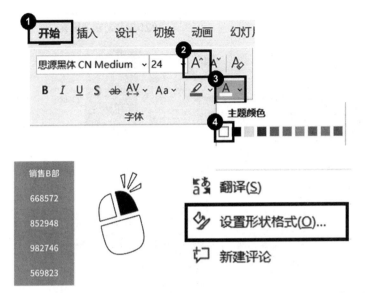

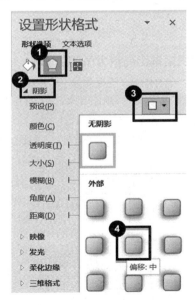

⑨ 在面板中选择【效果】-【阴影】命令，在【预设】组中选择【外部】-【偏移：
中】阴影效果。

⑩ 调整【透明度】为"65%"，【模糊度】为"10 磅"，得到突出后的表格列。

11 用同样的方法为这个表格添加阴影，并添加背景、修改标题文字颜色，一张高端大气的表格页就设计完成了。

11 如何借助表格做出高端大气的封面？

PPT 里只有一张图和文字，如何做出高端大气的封面？用好 PPT 自带的表格，想做出高级感的封面页也很简单，一起来看看吧！

1 在【插入】选项卡的功能区中单击【表格】图标，选择"5×4"的表格并插入。

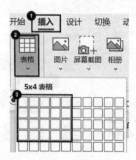

2 将鼠标光标移到表格右下角，按住鼠标左键，当看到十字标志时，往右下角拖曳，将表格调整至和事先选择好的图片一样的大小。

3 选中表格，右键单击，在弹出的菜单中选择【置于底层】命令。

4 选中图片，按快捷键【Ctrl+X】剪切，选中整个表格，右键单击，在弹出的菜单中选择【设置形状格式】命令，打开右侧面板。

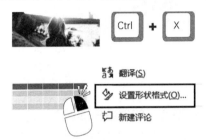

5 在面板中选择【填充】–【图片或纹理填充】选项，图片源选择【剪贴板】选项，并选择下方的【将图片平铺为纹理】选项，得到填充图片后的表格。

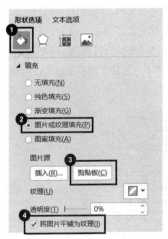

6 鼠标光标放到其中一个单元格中，在【表设计】选项卡中单击【底纹】图标，将颜色改为"白色"，随机挑选几个单元格进行相同处理。

7 添加文字、线条和形状，一张高端大气的封面就设计完成了。

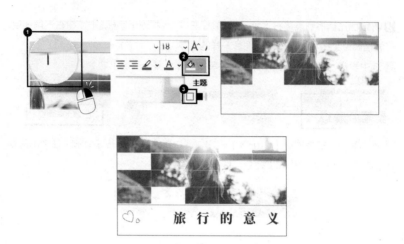

12 如何做出惊艳全场的创意柱形图?

很多人在做 PPT 柱形图的时候,似乎只会用系统自带的样式,今天就为大家介绍一个小技巧,只需简单的几步,就能做出惊艳全场的创意柱形图!

1 插入火焰素材,按快捷键【Ctrl+C】进行复制,选中柱形图的柱状色块,右键单击,在弹出的菜单中选择【设置数据点格式】命令。

2 在打开的【设置数据点格式】面板中,单击【填充】图标,在【填充】组中选择【图片或纹理填充】选项,【图片源】选择【剪贴板】,选择【伸展】选项,得到插入火焰的柱形图。

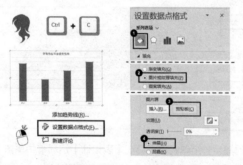

3 把火箭素材放置在火焰柱形图的上方,放大标题文字,适当调整字体,即可得到一张创意十足的柱形图。

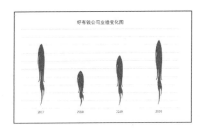 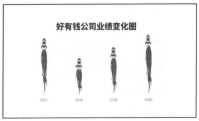

13 如何做出与众不同的特色断点线框?

在设计 PPT 封面时,我们可以用断点线框来增强封面的设计感。是不是还在用线条拼接费时费力地做断点线框?这里介绍一种更加简单灵活的方法,做出与众不同的特色断点线框!

1 在【插入】选项卡的功能区中单击【形状】图标,在弹出的菜单中选择【矩形】命令。

2 右键单击矩形,在弹出的菜单中选择【设置形状格式】命令,打开右侧的面板。

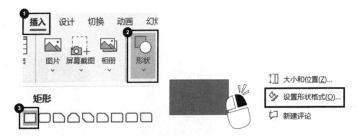

3 在【设置形状格式】面板中,在【填充】组中选择【无填充】选项。

4 在下方的【线条】组中,选择【实线】选项,单击【颜色】图标,选择【白色】,并调整【宽度】为"6 磅",得到一个白色的线框。

5 重复步骤**1**的操作,插入一个较小的矩形,放置在线框上,重复步骤**2**的操作。

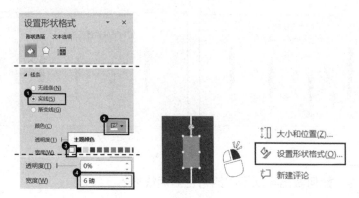

6 在打开的【设置形状格式】面板中选择【填充】-【纯色填充】，单击【颜色】图标，选择【取色器】命令，单击页面空白处，吸取对应位置的颜色，在下方的【线条】组中选择【无线条】选项，即可得到部分被矩形遮挡的视觉上自然断开的线框。

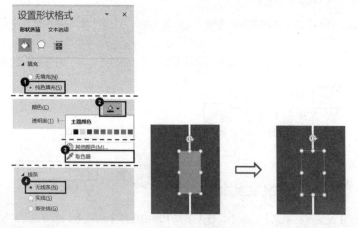

7 将步骤6得到的矩形复制放到其他位置，可任意选择线框断开的位置和长度。

8 添加文字，一张高端的 PPT 封面就设计完成了。

14 PPT 中如何做出穿插效果？

　　我们经常能在 PPT 中看到穿插的设计，使得页面更有视觉冲击力，这在 PPT 中是怎么做出来的呢？一起来看一看吧！

　　利用前面学习的断点线框技巧，可以设计出这样的页面，我们将在此基础上继续进行穿插设计。

1 在【插入】选项卡的功能区中，插入准备好的飞机素材和文本框，输入对应的文字，并根据前面介绍的内容，做出断点线框效果。

2 选中线框，按快捷键【Ctrl+C】和【Ctrl+V】进行复制、粘贴，得到线框 2，调整其位置与原来的线框重合。

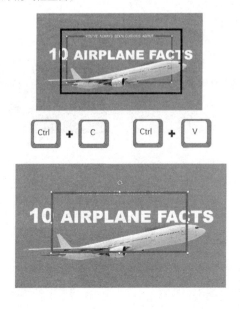

3 选中线框 2，在【图片格式】选项卡的功能区中单击【裁剪】图标。

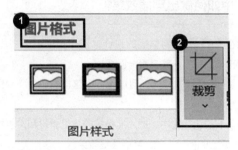

4 将右侧的边框向左拖曳至飞机和线框的交界处，让底部边框在视觉上置于飞机顶层，飞机的穿插效果设计完成。

5 选中上方的英文文本框，单击鼠标右键，在弹出的菜单中选择【置于顶层】命令，对标题文本进行同样操作，最后为文字和飞机添加阴影，即可得到穿插效果页面。

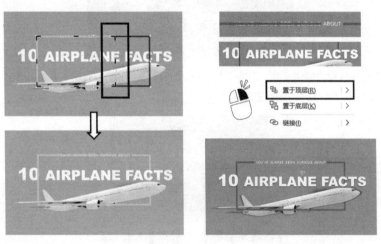